基礎有機化学演習

齋藤勝裕・中村修一 著

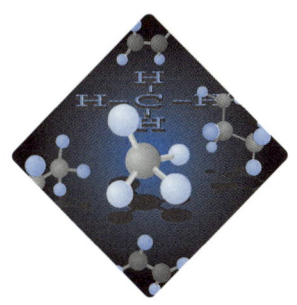

東京化学同人

まえがき

　本書は有機化学全般の基礎知識をしっかりと身に付けることを目的として企画された演習書である．本書の特徴は何といっても，限られた時間内で効率よく取組めるように問題を精選し，しかも各自で意欲的に挑戦できるように工夫を凝らしたことである．

　本書の構成は簡単な基礎事項の解説，例題，練習問題からなり，各問題には詳しい解答を付けた．基礎事項の解説では，有機化学を初歩から学ぶための大切な知識を簡潔に記述した．是非，一読して問題を解いて欲しい．基礎事項を確実に習得するには，各自が手を動かしながら，納得いくまで考えて解答に至ることが重要である．例題では有機化学の重要事項にさまざまな角度からアプローチできるように，これまでには見られない工夫を施してある．このような試みによって，読者は有機化学の面白みを実感しながら問題を解くことができ，生き生きとした形で基礎知識を身に付けることができるだろう．

　さらに，そこで得られた知識をもとに練習問題を解いて，応用力を養って欲しい．親切に解答へと誘ってくれた例題とは異なり，練習問題はどれも骨のあるものばかりである．これらに果敢に挑戦することによって，有機化学の理解が確実なものとなるだろう．

　なお，本書は「有機化学（わかる化学シリーズ4）」および「わかる有機化学シリーズ（全5巻）」（東京化学同人）を題材に一部作製した．これらのテキストと併用することで，いっそうの学習効果をあげることができると期待する．

　最後に，本書刊行にあたりお世話になった東京化学同人の山田豊氏に感謝申し上げる．

2009年5月

齋　藤　勝　裕

目　次

1. 有機分子の結合と構造 ……………………………………………… 1
例題：原子の構造　電子配置および電気陰性度　共有結合　σ結合とπ結合　混成軌道　混成軌道による有機分子の形成　単結合，二重結合　共役二重結合　ベンゼンの構造と安定性　分子間力

練習問題 ………………………………………………………………… 17

2. 有機分子の表記法，命名法および官能基 …………………………… 23
例題：有機分子の表記　有機化合物の分類　アルカンの命名　アルケン，アルキンの命名　官能基の名前と性質　官能基をもつ分子の命名　芳香族化合物の構造と名前　置換基効果

練習問題 ………………………………………………………………… 37

3. 有機分子の立体構造 …………………………………………………… 41
例題：構造異性体　立体配座と立体配置　立体配置異性体　立体配座異性体とニューマン投影式　フィッシャー投影式　エナンチオマー（鏡像異性体）　不斉炭素とエナンチオマーの性質　R/S表示　ジアステレオマー

練習問題 ………………………………………………………………… 58

4. 有機分子の構造解析 …………………………………………………… 61
例題：マススペクトル　同位体ピーク　不飽和度　炭化水素の分子式の決定　紫外可視吸収スペクトル　赤外吸収スペクトル　NMRスペクトルの特徴　NMRスペクトルの実際　化学シフトに影響を与える要因　スペクトルによる異性体の識別

練習問題 ………………………………………………………………… 79

5. 有機分子の反応 ････････････････････････････････････ 85
例題：有機反応の基礎　　結合の切断　　有機反応の分類　　求核置換反応　　求電子置換反応　　付加反応　　脱離反応　　酸化反応　　転位反応　　さまざまな有機分子の反応

練習問題 ･･ 104

6. 有機分子の合成 ････････････････････････････････････ 109
例題：官能基の変換　　グリニャール反応　　不飽和結合の導入と変換　　逆合成解析　　効率的な合成経路　　官能基の選択的反応　　有機合成の実際　　合成操作

練習問題 ･･ 124

練習問題の解答 ････････････････････････････････････ 127

1 有機分子の結合と構造

　現在，100種類ほどの**原子（元素）**が知られている．**有機分子**を構成する主要な原子は炭素Cと水素Hであり，それに酸素Oや窒素N，さらにはフッ素F，リンP，硫黄S，塩素Clなどが加わることもある．このように，有機分子はたった数種類の原子によってできている．

　原子は**原子核**と**電子**からなり，電子はいくつもの層状になった**電子殻**に入っている．さらに，電子殻はいくつかの**軌道**に分かれている．また，原子中の電子がどの軌道に入っているかを示したものを**電子配置**という．電子配置において，最も外側の電子殻に存在する電子を**価電子**あるいは**最外殻電子**といい，これらが原子の性質を決定している．

　原子同士の結合には電子が大きく関与する．有機分子を構成する主要な結合は**共有結合**であり，共有結合によって炭素原子同士が結合することで，有機分子の基本骨格を形成する．共有結合には軌道の重なり方の違いによる**σ結合**と**π結合**があり，これらをもとに**単結合**，**二重結合**，**三重結合**などがつくられる．

　共有結合を形成する炭素原子の特徴は，自分のもっている軌道を組合わせて**混成軌道**をつくることである．炭素の混成軌道には sp^3，sp^2，sp の3種類がある．これらの混成軌道を使って，多様な有機分子がつくられる．

　一方，原子間の結合のほかに，分子間に働く結合も存在する．これを**分子間力**という．分子間力には**水素結合**，**ファン デル ワールス力**などがあり，これらは共有結合よりも弱い結合であるが，分子間力によって分子の集合体を形成することができる．

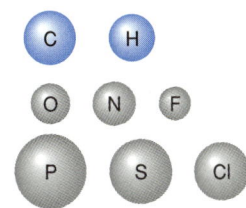

有機分子を構成するおもな原子

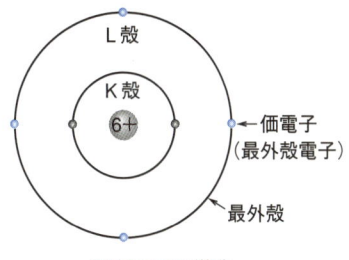

炭素原子の構造

✯✯

例題 1・1　原子の構造

a)　図は原子の構造を示したものである．空欄に適当な語句を入れよ．

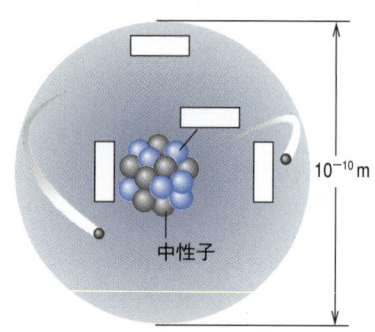

b)　つぎの文の空欄に適当な語句や数字を入れて完成せよ．

　原子中の電子はいくつもの層状になった　①　に入っている．　①　は原子核に近いほうから順に K 殻，L 殻，M 殻，…とアルファベットの順に名前が付けられている．電子は最大で，K 殻に 2 個，L 殻に　②　個，M 殻に　③　個入ることができる．

　さらに，　①　はいくつかの軌道に分かれている．K 殻には s 軌道だけが存在するが，L 殻には s 軌道と　④　軌道の 2 種類，M 殻には s 軌道，　④　軌道，　⑤　軌道の 3 種類がある．

c)　軌道には特有の形がある．s 軌道，p 軌道の形を描け．p 軌道は三つあるが，p_y 軌道はすでに示してある．

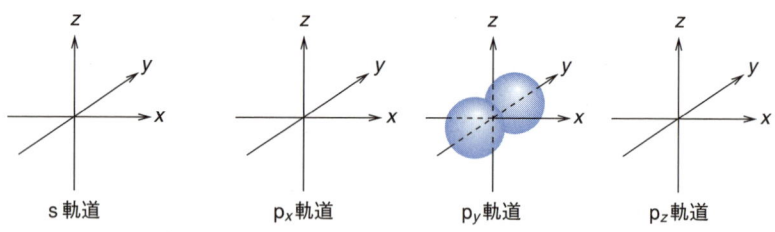

a)　図 1・1 参照．原子はプラスに荷電した**原子核**とマイナスに荷電し

た**電子**から構成されている．原子核と電子の電荷は，符号が逆で絶対値が等しいので，原子は全体として電気的に中性である．

　原子核は原子の中心に存在し，プラスに荷電した**陽子**と電荷をもたない**中性子**からなる．原子における電子の位置は正確に決めることはできず，確率でしか表すことができない．電子の存在確率を視覚化して表したものが，**電子雲**である．電子雲が濃いほど，電子の存在確率は高くなる．

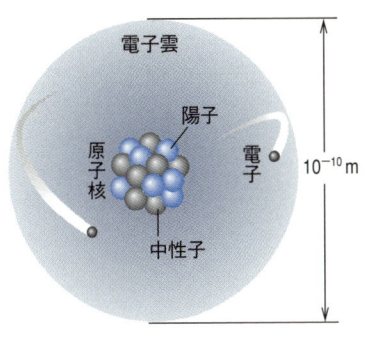

図1・1　原子の構造

b)　①電子殻，②8，③18，④p，⑤d

c)　軌道の形とは，電子の存在確率を三次元的に表したもの，つまり電子雲の形のことである．図1・2に示すように，s軌道は球形である．また，p軌道は3種類ある．これらは2個の団子が串刺しになったような形をしており，それぞれ串の方向が座標軸x, y, zの方向を向いている．

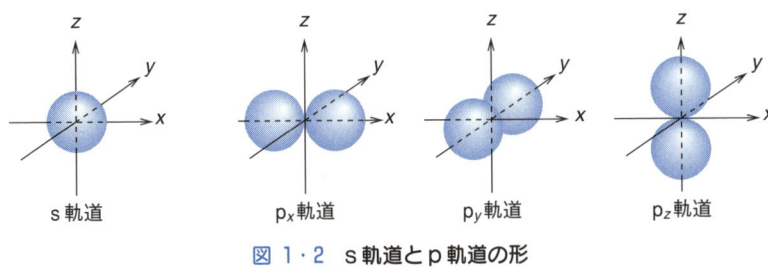

図1・2　s軌道とp軌道の形

****
例題1・2　電子配置および電気陰性度

　a)　図には有機化学にかかわりの深い原子をいくつか示した．その電子配置を完成させよ．

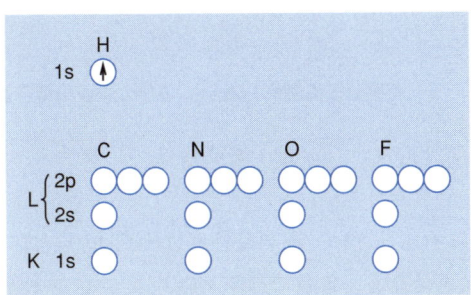

b) つぎの文は電気陰性度について述べたものである．空欄に適当な語句を入れて完成せよ．

原子が ① を引き付ける傾向を表す数値を**電気陰性度**という．電気陰性度が ② ほど， ① を強く引き付けることができる．したがって，電気陰性度が異なる原子により構成される分子では，原子間の ③ に偏りが生じ， ④ と ⑤ に荷電した部分をもつことになる．

c) a) に掲げた原子を電気陰性度の大きい順に並べよ．

a) 炭素の原子番号は6であるので，6個の電子をもつ．同様に，窒素は7個，酸素は8個，フッ素は9個の電子をもつ．これらの電子は，以下の約束に従って軌道に入る．

ⅰ) エネルギーの低い軌道から入る．ⅱ) 一つの軌道に入る電子の数は最大で2個である．ⅲ) 一つの軌道に2個の電子が入るときにはスピンの向きを逆にする．ⅳ) エネルギーが同じ複数の軌道に電子が入るときには，スピンの方向を同じにしたほうが安定である．

よって，電子配置は図1・3のようになる．

> 電子はスピン（自転）しており，その方向は2種類ある．その違いは矢印の向きによって表す．

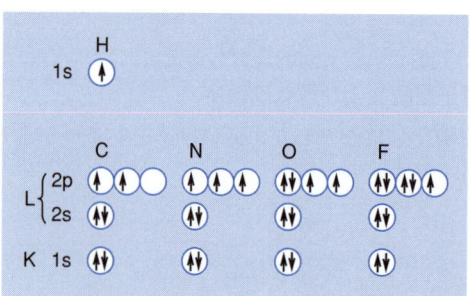

図1・3 有機分子に関係したいくつかの原子の電子配置

b) ① 電子，② 大きい，③ 電子密度分布，④ プラス（正），⑤ マイナス（負）

c) 図1・4に示すように，電気陰性度は周期表の右にいくほど，また上にいくほど大きくなる．よって，F＞O＞N＞C＞Hの順に電気陰性

度は大きくなる．

H 2.1							He
Li 1.0	Be 1.5	B 2.0	C 2.5	N 3.0	O 3.5	F 4.0	Ne
Na 0.9	Mg 1.2	Al 1.5	Si 1.8	P 2.1	S 2.5	Cl 3.0	Ar
K 0.8	Ca 1.0	Sc 1.3	Ge 1.8	As 2.0	Se 2.4	Br 2.8	Kr

図 1・4　元素の電気陰性度

例題 1・3　共有結合

a)　以下の文で誤っているものはどれか．
① 共有結合は 2 個の原子が原子核を共有することにより形成される．
② 共有結合は 2 個の原子が電子を共有することにより形成される．
③ 有機分子中の炭素–炭素結合，炭素–水素結合は共有結合である．
④ 共有結合には σ 結合と π 結合の 2 種類がある．
⑤ 原子は共有結合によって，他の原子と無数に結合することができる．
⑥ 共有結合は分子間にも働く．

b)　つぎの文は水素原子の結合によって水素分子ができる過程を述べたものである．

> 水素原子では 1s 軌道（原子軌道）に 1 個の電子が入っている．2 個の水素原子が近づくと原子軌道が接近し，やがて重なるようになる．そして，最終的に水素分子ができると原子軌道は姿を消し，代わって水素分子全体を取囲む分子軌道ができる．ここで，2 個の水素原子に属した電子は分子軌道に入るが，2 個の電子はどちらか一方の原子に属するのではなく，両方の原子によって共有される．

上記の説明文を参考にして，下図を完成させよ．

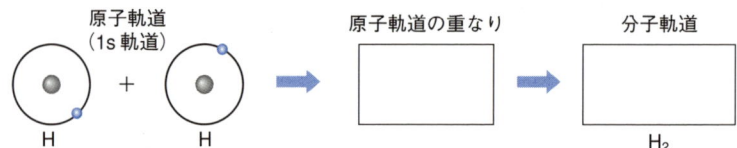

a) 誤っているものは①，⑤，⑥．

① は誤り．共有結合は 2 個の原子が電子を出し合って共有することによりできる結合である．

③，④ は正しい．有機分子を構成するおもな原子は炭素と水素であり，これらは共有結合によって結合している．共有結合は強い結合であるので，さまざまな有機分子が安定に存在することができる．また，共有結合には軌道の重なり方の違いにより，σ 結合と π 結合が存在する．これらを用いて，単結合，二重結合，三重結合が形成される．

⑤ は誤り．共有結合は軌道に 1 個だけ入っている電子，つまり不対電子により形成される．不対電子の数は原子によって決まっており，よって結合できる原子の数には限りがある．

⑥ は誤り．共有結合は原子間に働く結合であり，分子間には働かない．分子間に働く力として，水素結合やファンデルワールス力などがある．これらは共有結合よりも弱い力である．

b) 図 1・5 参照．

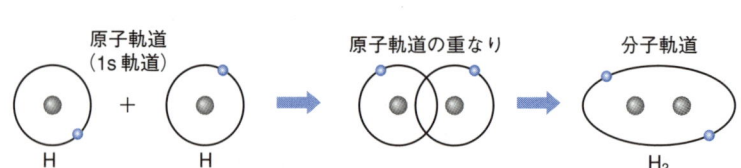

図 1・5　水素原子から水素分子ができる様子

イオン結合はカチオンとアニオンとの間の静電引力によって形成されるものである．カチオンのまわりにあるアニオンはその個数に関係なく，すべてカチオンに引き付けられ結合する（不飽和性）．静電引力は両イオン間の距離に影響されるだけで方向には関係ない（無方向性）．この不飽和性と無方向性は共有結合と比べた場合，イオン結合の大きな特徴となっている．

水素結合については練習問題 1・3，ファンデルワールス力については練習問題 1・4 で取上げる．

例題 1・4　σ結合とπ結合

a) つぎの文はσ結合とπ結合について述べたものである．空欄に適当な語句を入れて完成せよ．

　① 結合を構成する二つのp軌道は互いに大きく重なっているため，その結合は強く，切断するためには大きなエネルギーが必要である．それに対して，② 結合の重なりは ③ ために，結合は弱く，切断しやすい．

　σ結合の結合電子雲は ④ にそって紡錘状に存在する．このため，σ結合を結合軸のまわりにねじっても結合電子雲に変化は現れない．すなわち，σ結合は回転が ⑤ である．

　π結合の結合電子雲は結合軸の ⑥ に分かれて存在する．このため，π結合を結合軸のまわりにねじると切断される．すなわち，π結合は一般には回転が ⑦ である．

b) 下記の部分図を順番に並べて，二つのp軌道から ① σ結合と ② π結合ができる様子をそれぞれ完成させよ．

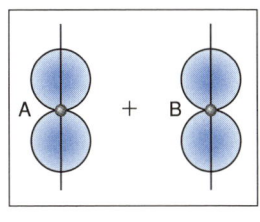
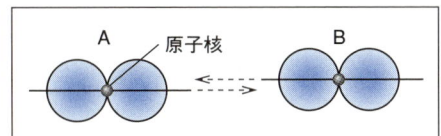
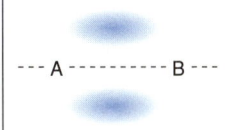
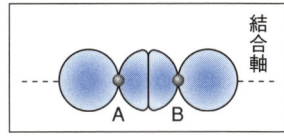
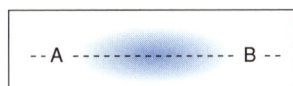
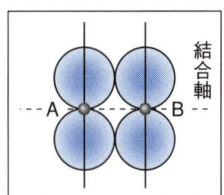

a) ① σ，② π，③ 小さい，④ 結合軸，⑤ 可能，⑥ 上下，⑦ 不可能

b) 図1・6に示すように，**σ結合**は2本の串団子（p軌道）が自分の串で相手を突き刺すように結合したものである．一方，**π結合**は2本の串団子が横腹を接するようにして結合したものである．

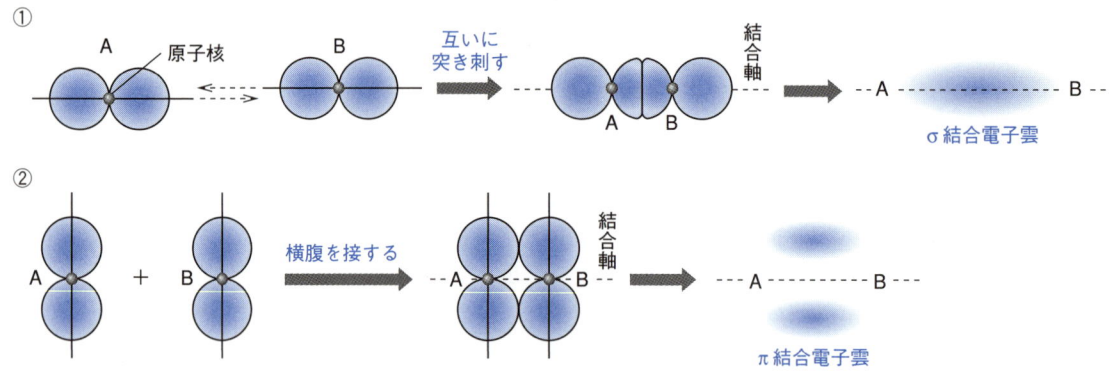

図1・6 σ結合①およびπ結合②

****
例題1・5　混成軌道

a) つぎの文の下線部にいくつか誤りがある．その箇所を指摘し，訂正せよ．

図1・3に示した原子の電子配置において，一つの軌道に1個だけ入った電子を<u>不対電子</u>，2個入った電子を<u>非共有電子対</u>という．共有結合は<u>非共有電子対</u>により形成される．原子番号6の炭素原子は通常，<u>非共有電子対を2個</u>しかもたない．しかし実際には，炭素原子は4個の水素原子と結合して<u>メタン</u> CH_4 をつくる．これは，<u>水素原子が混成軌道をつくる</u>ためである．

b) つぎの文の空欄に適当な語句を入れて完成せよ．

炭素原子の混成軌道には3種類ある．　①　混成軌道は一つのs軌道と三つの　②　軌道が，sp^2 混成軌道は　③　のs軌道と　④　のp軌道が，sp混成軌道は一つの　⑤　軌道と一つのp軌道が混成してできたものである．

c) 100 gの白粘土（2s軌道）1個と100 gの青粘土（2p軌道）1個からsp混成軌道をつくったとしよう．できあがった粘土の色，個数，重さ

a) 正しい文を以下に示す．□ は誤りを訂正した箇所．

一つの軌道に1個だけ入った電子を不対電子，2個入った電子を非共有電子対という．共有結合は 不対電子 によって形成される．原子番号6の炭素原子は通常，不対電子 を2個しかもたない．しかし実際には，炭素原子は4個の水素原子と結合してメタンCH_4 をつくる．これは 炭素原子 が混成軌道をつくるためである．

> 炭素原子はs軌道とp軌道を再編成して新しい軌道，つまり**混成軌道**をつくる．この混成軌道によって，さまざまな形の有機分子が生み出される．

b) ① sp^3，② p，③ 一つ，④ 二つ，⑤ s

c) 混成軌道は原料の軌道が均一に混ざり合い，原料の軌道と同じ数だけできる．この場合，一つのs軌道と一つのp軌道から，二つのsp混成軌道ができる．よって，新しい粘土は青色と白色の中間の水色になり，同じ重さ，つまり100 gの粘土が2個できる（図1・7）．

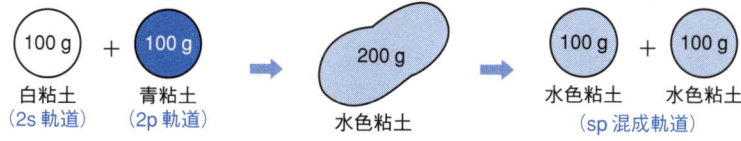

図 1・7 粘土によるsp混成軌道のでき方

****

例題 1・6　混成軌道による有機分子の形成

a) sp^3，sp^2，sp 混成状態の炭素原子の電子配置を示せ．

b) つぎの文の空欄に当てはまる語句や数字を下記から選んで完成させよ．

混成軌道は野球の ① のように一方向に大きく張り出した形をしている．このため，軌道の重なりをつくるのに有利であり，② 結合を形成する．

sp^3 混成軌道は全部で ③ あり，これらはすべて同じ形をしており，互いに ④ 度の角度をもって結合している．sp^3 混成軌道によって形成

された有機分子の代表的なものとして，⑤ があげられる．この分子の形は ⑥ 形である．

sp² 混成軌道は全部で ⑦ あり，互いに ⑧ 度の角度をもって結合し，同一 ⑨ 上に存在する．sp² 混成軌道による代表的な有機分子は ⑩ であり，この分子の形は ⑨ 形である．

sp 混成軌道は全部で ⑪ あり，互いに ⑫ 度の角度をもって結合している．sp 軌道による代表的な有機分子は ⑬ であり，この分子の形は ⑭ 形である．

> ベース，バット，弱い，強い，一つ，二つ，三つ，四つ，90，109.5，120，180，エチレン，ベンゼン，メタン，アセチレン，直線，立方体，正四面体，平面

a) 図 1・8 参照．

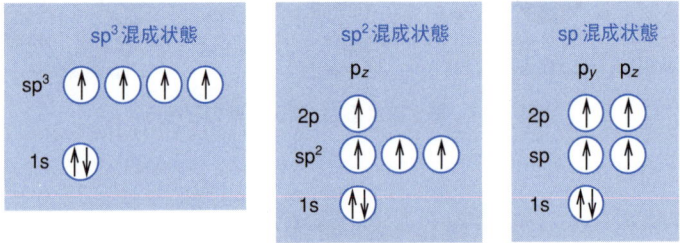

図 1・8 炭素の混成状態の電子配置

sp³ 混成状態では四つの sp³ 混成軌道に 1 個ずつ，sp² 混成状態では三つの sp² 混成軌道に 1 個ずつ，一つの p 軌道に 1 個，sp 混成状態では二つの sp 軌道に 1 個ずつ，二つの p 軌道に 1 個ずつの電子が入る．

b) ① バット，② 強い，③ 四つ，④ 109.5，⑤ メタン，⑥ 正四面体，⑦ 三つ，⑧ 120，⑨ 平面，⑩ エチレン，⑪ 二つ，⑫ 180，⑬ アセチレン，⑭ 直線．参考までに，それぞれの混成軌道を図 1・9 に示した．

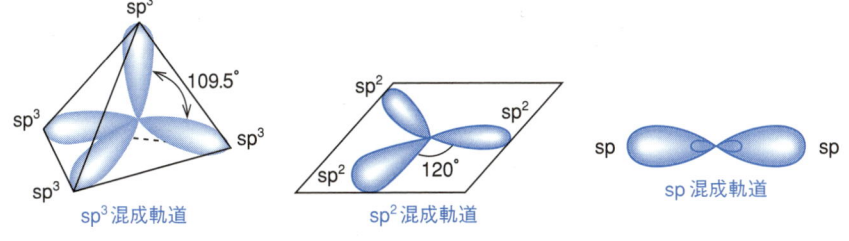

図 1・9 炭素の混成軌道

※※

例題1・7 単結合，二重結合

a) つぎの文は単結合について述べたものである．正しいものはどれか．

① 単結合は原子同士が2対の電子を共有してできた結合である．
② 単結合はσ結合でできている．
③ 単結合はπ結合でできている．
④ 単結合は回転可能である．
⑤ 炭素–水素間の結合はすべて単結合である．
⑥ 炭素–炭素間の結合はすべて単結合である．
⑦ 炭素原子間の単結合は二重結合より結合エネルギーが小さい．
⑧ 炭素原子間の単結合は二重結合より結合距離が短い．

b) 図をもとにして，メタンの単結合の形成について簡単に説明せよ．

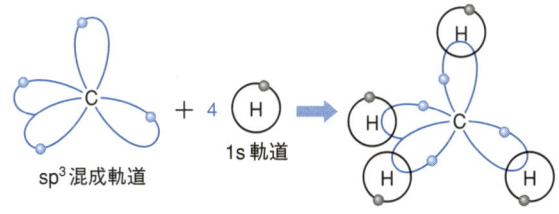

c) つぎの文の空欄に適当な語句を入れて完成せよ．

エチレン C_2H_4 は2個の炭素が三つの sp^2 混成軌道のうち一つを使って，炭素同士が ① 結合し，残る二つの sp^2 混成軌道を使って水素の ② 軌道とσ結合している．

sp² 混成状態の炭素では混成に関係しない一つの ③ 軌道に電子が1個入っている．エチレンの2個の炭素上にある二つの ③ 軌道は分子面を突き刺すように存在し，互いに ④ になっている．この二つの ③ 軌道は互いに横腹を接して結合を形成する．これがπ結合である．

この結果，エチレンの炭素同士の結合は一つの ① 結合と一つのπ結合によって構成される．このような結合を ⑤ 結合という．

a) 正しいものは②，④，⑤，⑦．

① は誤り．**単結合**は原子同士が1対の電子を共有してできた結合である．また，2対の電子を共有してできたものは**二重結合**，3対の電子を共有してできたものは**三重結合**である．

② は正しく，③ は誤り．　単結合はσ結合，二重結合はσ結合＋π結合，三重結合はσ結合＋π結合＋π結合で構成されている．

④ は正しい．例題1・4参照．

⑤ は正しい．水素原子は1s軌道にある1個の不対電子によって炭素原子と単結合を形成する．

⑥ は誤り．炭素原子は混成軌道を用いて，単結合，二重結合，三重結

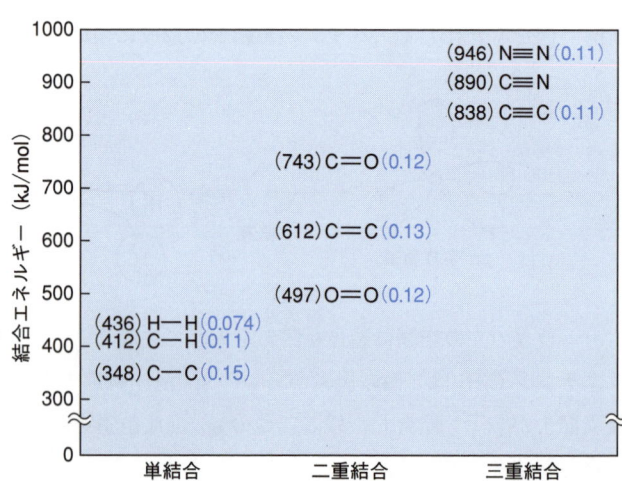

図 1・10　**おもな共有結合の結合エネルギーと結合距離**．左側の（ ）内の数字が結合エネルギー，右側の（ ）内の数字が結合距離，単位はnm（10⁻⁹/m）．

⑦は正しい．図1・10に示すように結合エネルギーは，単結合＜二重結合＜三重結合の順で大きくなる．

⑧は誤り．図1・10に示すように結合距離は，単結合＞二重結合＞三重結合の順で短くなる．

b) メタン CH_4 では炭素原子の四つの sp^3 混成軌道と4個の水素原子の 1s 軌道に入った電子が共有されることで単結合（σ結合）が形成される．

c) ① σ，② 1s，③ 2p，④ 平行，⑤ 二重．エチレンの軌道の様子は練習問題1・5の解答を参照．

****

例題1・8 共役二重結合

a) つぎの分子のうち，共役二重結合を含むものはどれか．

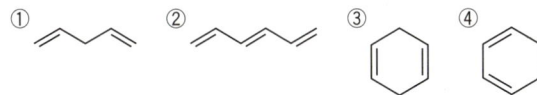

b) つぎの文は共役二重結合を含む代表的な分子であるブタジエン C_4H_6 の結合状態について説明したものである．下線部にいくつかの誤りがある．その箇所を指摘し，訂正せよ．

ブタジエンを構成する4個の炭素原子はすべて <u>sp^3</u> 混成状態である．この混成軌道に関与しない四つの <u>p</u> 軌道はすべて横腹を接して <u>σ</u> 結合を構成する．この結果，ブタジエンは四つの <u>p</u> 軌道を使って，<u>二つの σ</u> 結合をつくっている．

c) 表はエチレンの二重結合とブタジエンのπ結合を比較したものである．空欄に適当な数字を入れて完成せよ．

	p軌道の数	π結合の数	π結合一つ当たりp軌道の数	π結合の相対強度
エチレン	2	1	2	1
ブタジエン	4			

a) 単結合と二重結合が交互に並んだものが**共役二重結合**である．よって，②，④が共役二重結合である．

① は二つの二重結合の間に単結合が二つ入っており，単結合と二重結合は交互に並んでいない．

② は三つの二重結合と二つの二重結合が交互に並んでいる．

③ はシクロヘキサンの6員環の二箇所に二重結合が入ったものであるが，二重結合の間には単結合が二つ存在するので共役二重結合ではない．

④ は ③ の分子と似ているが，二重結合–単結合–二重結合と並んだ部分が存在する．

b) 正しい文は以下のとおりである． は誤りを訂正した箇所．

ブタジエンを構成する4個の炭素原子はすべて sp^2 混成状態である．この混成軌道に関与しない四つのp軌道はすべて横腹を接して π 結合を構成する（図1・11参照）．この結果，ブタジエンは四つのp軌道を使って，三つ の π 結合をつくっている．

c) 表1・1参照．

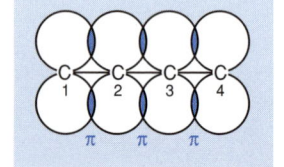

図1・11 ブタジエンのπ結合

表1・1 エチレンとブタジエンのπ結合の比較

	p軌道の数	π結合の数	π結合一つ当たりp軌道の数	π結合の相対強度
エチレン	2	1	2	1
ブタジエン	4	3	4/3	2/3

b) の結果より，ブタジエンの一つのπ結合は4/3個のp軌道から構成されていることがわかる．エチレンの一つのπ結合は二つのp軌道からできている．したがって，ブタジエンのπ結合はエチレンのπ結合の2/3の強度しかないことになる．

★★

例題1・9 ベンゼンの構造と安定性

a) ベンゼンは正六角形の形をしており，炭素–炭素結合の長さはすべ

て等しく，C–C 結合と C=C 結合の中間の値である．このようなベンゼンの構造は等価な二つのケクレ構造式 I，II として表現できる．また，I と II を重ね合わせた構造を表現すると III のようになる．

以下の図に適当な構造式を入れて完成せよ．

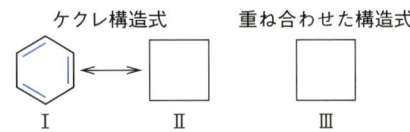

b) 図はベンゼンの結合状態を示したものである．これを参考にしながら，以下の文の空欄に適当な語句を入れて完成せよ．

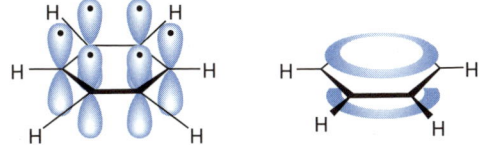

ベンゼンは 6 個の炭素原子からなる環状化合物である．6 個の炭素原子はすべて sp² 混成であり，各炭素は六員環平面に垂直な ① 軌道をもつ．そして，これらの ① 軌道がすべて横腹を接して ② 結合をつくる．したがって，ベンゼンの ② 結合電子雲は，環の上下にちょうど ③ 状に広がったような形で存在している．

このように，π 電子が分子全体に広がっていることを ④ という．電子は狭い範囲に閉じ込められているよりも広い範囲にわたって存在するほうが ⑤ である．

a) 図 1·12 参照．構造式 I あるいは II のどちらか一方で表すよりも，これらの重ね合わせとして表した場合のほうが実際のベンゼンの構造や性質をよりよく反映することができる．このことを **共鳴** という．I，II を **共鳴構造** あるいは **極限構造** といい，実際の電子状態はこれらの **共鳴混成体** であるという．

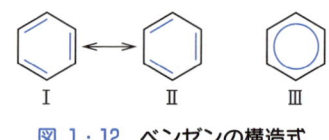

図 1・12　ベンゼンの構造式

b)　① p，② π，③ ドーナッツ，④ 非局在化，⑤ 安定

****

例題 1・10　分子間力

a)　つぎの結合の中から分子間に働くものをあげよ．

水素結合，共有結合，金属結合，ファン デル ワールス力，イオン結合

b)　下記に示した物質の中から，分子間に働く結合を含むものを選び，結合の種類をいえ．

ダイヤモンド，液体の水，塩化ナトリウム，ベンゼンの結晶，鉄，グラファイト

a)　水素結合，ファン デル ワールス力

水素結合については練習問題 1・3，ファン デル ワールス力については練習問題 1・4 を参照せよ．

b)　水：水素結合，ベンゼンの結晶およびグラファイト：ファン デル ワールス力

図 1・13 に示すように，液体の水では水素結合によって，数個の水分子が集合した状態で存在している．ベンゼンはファン デル ワールス力によって分子同士が引き付けられ凝集状態をつくり結晶となる．グラファイトでは炭素原子が共有結合して正六角形平面の網目構造をつくり，これらが重なり合った層状構造をしている．この層と層の間はファン デル ワールス力で結び付いている．

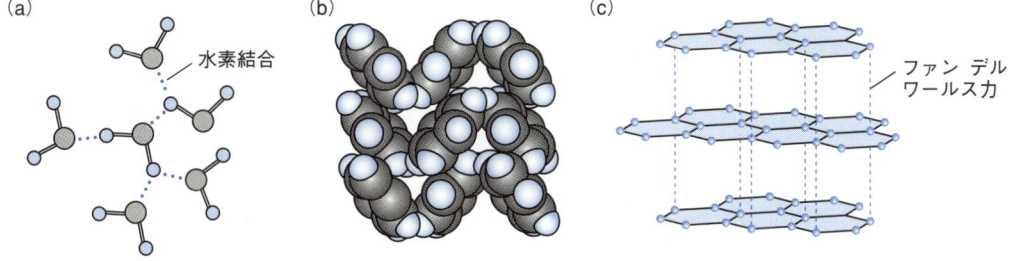

図 1・13 分子間力の例．(a) 液体の水，(b) ベンゼンの結晶，(c) グラファイト

練習問題

1・1

a) つぎの文の下線部にいくつか誤りがある．それらを指摘し，訂正せよ．また，図中の空欄に適当な語句を入れて完成せよ．

原子核はプラスに荷電した<u>陽子</u>と，電気的に中性な<u>電子</u>からなる．したがって，原子核の電荷数は陽子の個数に等しい．この陽子の個数を<u>質量数</u>という．また，陽子と<u>電子</u>の質量はほぼ等しく，これらの個数を合わせたものを<u>原子番号</u>という．原子の種類は<u>元素記号</u>を用いて表される．

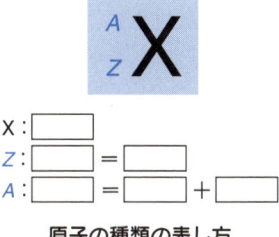

X： ☐
Z： ☐ ＝ ☐
A： ☐ ＝ ☐ ＋ ☐

原子の種類の表し方

b) つぎの文の空欄を埋めて完成せよ．

原子のなかには，① の個数は同じだが，② の個数の異なるものがある．これを<u>同位体</u>という．たとえば，水素原子は ③ 個の陽子をもつので ④ は1であるが，中性子をもたない軽水素（質量数は ⑤ ），中性子を1個もつ ⑥ ，中性子を ⑦ 個もつ三重水素の3種類の同位体が存在する．

c) 炭素の同位体には何種類あるか．また，その存在比の特徴についていえ．

1・2

a) 図を参考にして，共有結合における結合電子の役割について100字以内で述べよ．

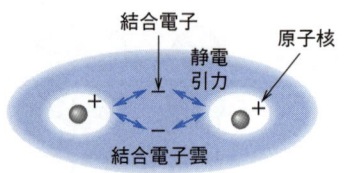

b) つぎの文を参考にして，以下の表を完成させよ．

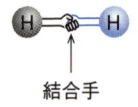

共有結合は原子同士の握手に例えることができる．握手をするための手を"結合手"という．水素原子では不対電子が1個存在するので，水素分子は2個の水素原子がそれぞれ1本の結合手が握手することでできあがる．

原子	H	C	O	N	F	Cl
不対電子数	1					
結合手	1					

＊ 炭素の不対電子数は混成状態のもの．

c) 以下の分子，CH_4，C_2H_6，C_2H_4，CH_2O の結合状態を"結合手"を使ってそれぞれ表せ．

1・3

a) つぎの文は水素結合について述べたものである．空欄に当てはまる語句や数字を下記から選んで完成せよ．

水分子を構成する水素原子と酸素原子では ① に差がある．酸素原子の ① は ② であり，水素原子の ① は ③ である．この結果，O−H 結合の結合電子雲は ④ 原子に引き寄せられ，酸素原子はいくぶん ⑤ に，水素原子はいくぶん ⑥ に荷電する．そして，このような水素原子と直接には結合していない N，O，F などの原子との間に ⑦ が働き結合をつくる．これが**水素結合**である．

> 2.1，3.5，イオン化エネルギー，プラス，マイナス，共有結合，電気陰性度，酸素，水素，静電引力

b) 水は分子量がほぼ同じであるメタン CH_4 に比べて，沸点や融点が高い．その理由を説明せよ．

c) 図を参考にして，酢酸分子における水素結合について説明せよ．

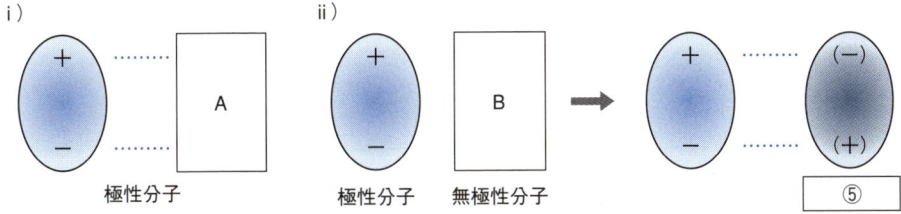

d) 遺伝情報の担い手であるDNAにおける水素結合の役割について簡潔に説明せよ．

1・4
a) つぎの文はファン デル ワールス力について述べたものである．空欄に適当な語句を入れて完成させよ．

ファン デル ワールス力は大別して3種類ある．分子は全体として電気的に ① であるが，そのなかで ② に差がある原子があると，プラスとマイナスの電荷が偏る．このような分子を極性分子という．

 ⅰ) 極性分子同士では，プラスとマイナスの部分に ③ が働く．

 ⅱ) 極性をもたない無極性分子に極性分子が近づくと，極性分子の電荷に影響を受け， ④ に極性が現れる．これを ⑤ という．この ⑤ と極性分子の間に力が働く．

 ⅲ) 無極性分子でも，電子と ⑥ は相対的に絶えず運動しているので， ⑦ が瞬間的に偏ることがある．これによって隣の分子にも ⑦ の偏りが瞬間的に誘起される．このような静電引力を ⑧ という．

b) 図は上記ⅰ)，ⅱ)について説明したものである．空欄A，Bに図を描いて完成させよ．

ⅰ)　　　　　　　　ⅱ)

極性分子　A　　　極性分子　B　無極性分子　→　　　　　　⑤

c) 表に示したように，直鎖アルカンは同じ炭素数をもつ枝分かれアルカンよりも沸点が高くなる．この理由を簡単に説明せよ．

アルカン	構造式	沸点（°C）
ペンタン	CH₃CH₂CH₂CH₂CH₃	36
2-メチルブタン	CH₃CH₂CH(CH₃)₂	28
2,2-ジメチルプロパン	CH₃C(CH₃)₂CH₃	10

1・5

a) 図はエチレンの軌道の様子を示したものである．空欄を埋めて完成せよ．

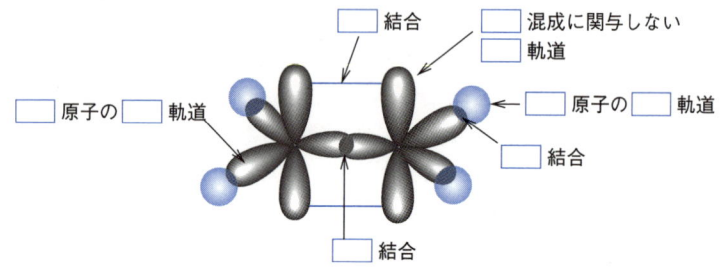

b) アセチレンにおける炭素原子のp軌道の様子を下記の図に描き込め．それをもとに，アセチレンの三重結合について簡単に述べよ．また，アセチレンのπ結合の形状についてもふれよ．

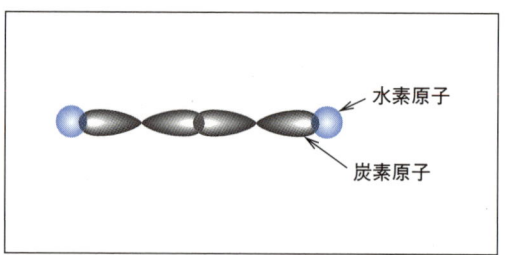

1・6

a) 構造式AとBはブタジエンの結合状態を正確には反映していない．その理由を述べよ．

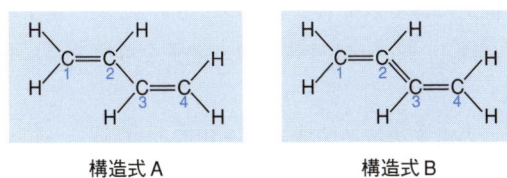

|構造式A|構造式B|

b) 共役二重結合におけるπ結合の様子を簡単に説明せよ．

1・7

図はベンゼンの安定性を水素化反応を用いて実験的に示したものである．この結果をもとにベンゼンの安定性について考察せよ．

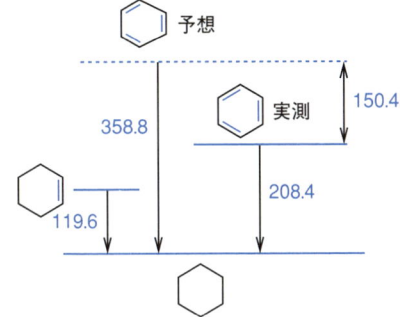

図中の数値は二重結合をもつ有機分子1 molを水素化したときに発生する水素化熱（kJ/mol）を示す．

1・8

a) 図はピリジンの窒素の電子配置および結合状態を示したものである．これを参考にして，つぎの文の下線部にあるいくつかの誤りを指摘し，訂正せよ．

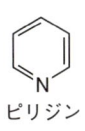
ピリジン

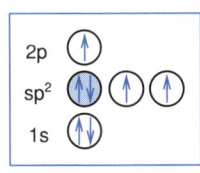
窒素の電子配置

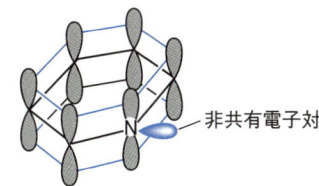
非共有電子対

ピリジンの窒素ではp軌道と二つの<u>sp³</u>混成軌道を非共有電子対が占め，残る一つの<u>sp³</u>混成軌道を<u>不対電子</u>が占める．すなわち，ピリジンの<u>共役二重結合</u>を構成する五つの炭素<u>p</u>軌道と，一つの窒素<u>p</u>軌道の合わ

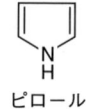
ピロール

せて六つのp軌道にはそれぞれ2個ずつ，合計12個の電子が入る．この結果，ピリジンは4n個（nは整数）のπ電子をもつことになり，芳香族化合物となる．

b) ピロールの窒素の電子配置と結合状態について，a) で示したものと同様の図を描いて，説明せよ．

有機分子の表記法，命名法および官能基

有機分子の構造を表記したものが**構造式**であり，以下に示す方法がある．

1) すべての原子と結合を示したものを**ケクレ構造式**という．

2) C−H単結合とC−C単結合を省略したものを**短縮（縮合）構造式**という．

3) 炭素，水素原子ならびにC−H結合を省略したものを**骨格構造式**という．ただし，官能基に含まれる水素原子は省略せず，また炭素，水素以外の原子はすべて表記する．

ケクレ構造式	短縮構造式	骨格構造式

H H H
  | | |
H−C−C−C−H
  | | |
H H H
	CH₃CH₂CH₃	∧

有機分子の基本的な構造は**基本骨格（炭素骨格）**と置換基に分けて考えることができる．以下の有機分子では，炭素5個からなる直鎖状の部分が炭素骨格であり，炭素骨格の水素1個と置き換わった−CH₃が置換基となる．また，置換基のうちで，その分子のもつ特徴的な性質の原因となるものを**官能基**という．

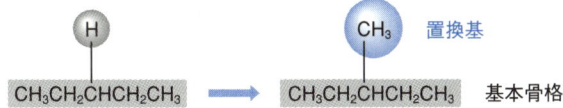

以上の基本的な構造をもとにして，有機分子の名前は**IUPAC命名法**に

IUPAC：国際純正および応用化学連合

よって定められている．IUPAC 命名法では，最も長い炭素骨格（主炭素骨格）に相当するアルカンの名前が基本となる．アルカンの名前は炭素原子数 1～4 を除いて，炭素原子数を表すギリシャ語（一部はラテン語）の数詞に –ane を付けて表す．炭素原子数 1～4 の場合は歴史的な起源をもつ名前が用いられる．これを**慣用名**という．

炭素数	数詞	名前	分子式	炭素数	数詞	名前	分子式
1	mono モノ	methane メタン	CH_4	7	hepta ヘプタ	heptane ヘプタン	C_7H_{16}
2	di ジ	ethane エタン	C_2H_6	8	octa オクタ	octane オクタン	C_8H_{18}
3	tri トリ	propane プロパン	C_3H_8	9	nona ノナ	nonane ノナン	C_9H_{20}
4	tetra テトラ	butane ブタン	C_4H_{10}	10	deca デカ	decane デカン	$C_{10}H_{22}$
5	penta ペンタ	pentane ペンタン	C_5H_{12}				
6	hexa ヘキサ	hexane ヘキサン	C_6H_{14}	20	icosa イコサ	icosane イコサン	$C_{20}H_{42}$

銃 (10)
刑事 (デカ)

＊＊＊

例題 2・1　有機分子の表記

表は有機分子を 3 種類の構造式で示したものである．空欄に適当な構造式を入れて完成せよ．

ケクレ構造式	短縮構造式	骨格構造式
H-C(H)(H)-C(H)(H)-C(H)(H)-C(H)(H)-H		
	$CH_3CH=CHCH_2OH$	⌃
シクロプロパン (H₂C-CH₂-CH₂ 環)		

3種類の構造式については，本章冒頭の解説を参照．短縮構造式で省略するのは単結合だけであり，二重結合と三重結合は表記する．骨格構造式では，炭素原子は二つの線の交点ならびに線の端に存在する．

ケクレ構造式	短縮構造式	骨格構造式
H-C(H)(H)-C(H)(H)-C(H)(H)-C(H)(H)-H	$CH_3CH_2CH_2CH_3$ $CH_3(CH_2)_2CH_3$	～
H-C(H)(H)-C(H)=C(H)H	$CH_3CH=CH_2$	⌒
H-C(H)(H)-C(H)=C(H)-C(H)(H)-OH	$CH_3CH=CHCH_2OH$	～OH
環状 $CH_2CH_2CH_2$	CH_2 と CH_2-CH_2	△

* * *

例題2・2 有機化合物の分類

a) 有機化合物は炭素骨格のタイプをもとに，おおよそ下記のように分類できる．

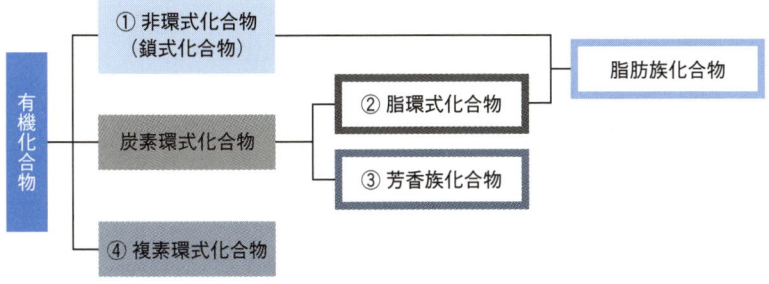

つぎの分子は① 非環式化合物，② 脂環式化合物，③ 芳香族化合物，④ 複素環式化合物のいずれに当てはまるか．

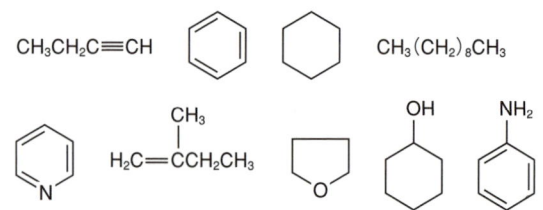

b) 以下の文は非環式脂肪族炭化水素について述べたものである．空欄を埋めて完成せよ．

　① 結合のみでできたものをアルカンといい，分子式は C_nH_{2n+2} で表される．最も簡単な分子は ② である．

　二重結合を1個含むものを ③ といい，分子式は ④ で表される．最も簡単な分子はエテンである．また，二重結合を ⑤ 個含むものをジエン，3個含むものを ⑥ という．

　⑦ 結合を1個含むものをアルキンといい，分子式は ⑧ で表される．最も簡単な分子はエチンであり，⑨ はその慣用名である．また，⑦ 結合を2個含むものを ⑩ という．

エテンの慣用名として，エチレンが用いられてきた．しかしながら現在，エチレンは不飽和炭化水素名ではなく，炭化水素基–CH₂CH₂–の名称としてのみ使うことになっている．

解答

a) まず，有機化合物は炭素骨格が環状であるどうかにより分類できる．環状でないものを**非環式化合物**（**鎖状化合物**）といい，環状であるものを**炭素環式化合物**という．さらに，環状化合物は脂環式化合物と芳香族化合物に分類できる．**芳香族化合物**は環内に $4n+2$（$n=0, 1, 2\cdots$）のπ電子をもつものであり，それ以外のものを**脂環式化合物**という．そのほかに，環内に炭素原子以外の原子（酸素，窒素，硫黄，リンなど）を1個以上もつものを**複素環式化合物**という．

① 非環式化合物：CH₃(CH₂)₈CH₃，H₂C=CCH₂CH₃，CH₃CH₂C≡CH
　　　　　　　　　　　　　　　　　｜
　　　　　　　　　　　　　　　　　CH₃

② 脂環式化合物: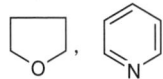

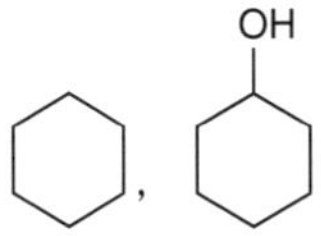

③ 芳香族化合物: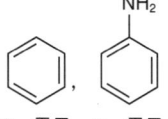

④ 複素環式化合物:

芳香族化合物については，例題2・7も参照.

ピリジンは環内に6個のπ電子をもつ（練習問題1・8参照）ので芳香族化合物でもあり，このような化合物を**複素環式芳香族化合物**という.

b) ① 単，② メタン，③ アルケン，④ C_nH_{2n}，⑤ 2，⑥ トリエン，⑦ 三重，⑧ C_nH_{2n-2}，⑨ アセチレン，⑩ ジイン

a) の非環式化合物を例にとると，

アルカン：$CH_3(CH_2)_8CH_3$，アルケン：$H_2C=CCH_2CH_3$
　　　　　　　　　　　　　　　　　　　　　　　　$|$
　　　　　　　　　　　　　　　　　　　　　　　CH_3

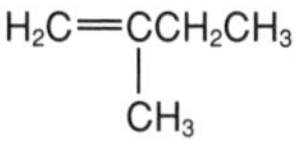

アルキン：$CH_3CH_2C\equiv CH$

****
例題 2・3　アルカンの命名

a) つぎのアルカンの最も長い炭素骨格（主炭素骨格）部分を○で囲んで示せ.

① $CH_3CH_2CH_2\underset{\underset{CH_3}{|}}{\overset{\overset{CH_2CH_3}{|}}{C}}H-CH_3$

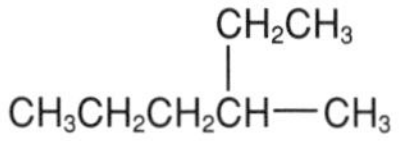

② $CH_3CH_2-\underset{\underset{}{}}{\overset{\overset{CH_3}{|}}{C}}HCH_2\underset{\underset{CH_2CH_2CH_3}{|}}{\overset{\overset{CH_3}{|}}{C}}H-CH_2\overset{\overset{CH_3}{|}}{C}HCH_3$

③ $CH_3-\underset{\underset{\underset{CH_3}{|}}{CH_2}}{\overset{\overset{CH_2CH_2CH_3}{|}}{C}}H-CH_2CH_3$

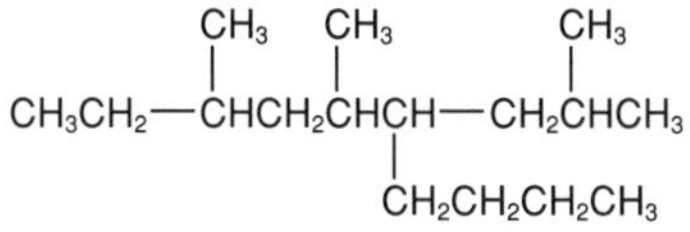

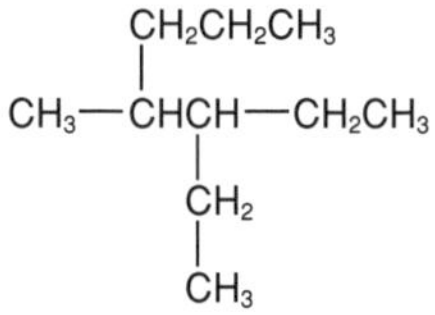

b) つぎの空欄を埋めて，上記①の分子を命名せよ.

分岐アルカンの名前は（置換基の位置と種類）+（母体名）で表される．主炭素骨格に相当するアルカンを母体名とする．この場合，主炭素骨格の炭素原子は ① 個あるので， ② が母体名となる．また，置換基の種類は ③ 基である．さらに，置換基の位置は置換基により近い末端炭素

28   2. 有機分子の表記法，命名法および官能基

置換基が複数個ある分岐アルカンの場合は，最初の分岐点に近いほうの末端炭素から始めて，位置番号を付ける．

が最も小さくなるように位置番号を付けて表す．この場合，位置番号 ④ の炭素原子に置換基が付いていることがわかる．よって，この分子の名前は ⑤ となる．

c) 下記の分岐アルカンの名称をいえ．

①
$$CH_2CH(CH_3)CH_2CH_3$$ with CH_3

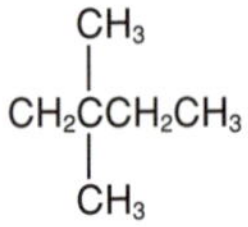

②
$$CH_3CH_2CH(CH_3)CHCH_2CH_3$$ with CH_2CH_3

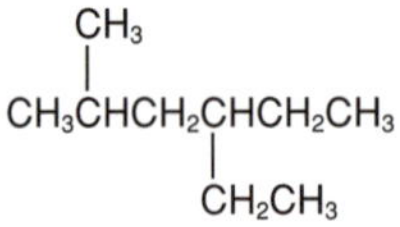

解答!

a) 炭素原子数の最も多い主炭素骨格を見つけることが命名の基本となる．

① $CH_3CH_2CH_2$—$CH(CH_2CH_3)$—CH_3

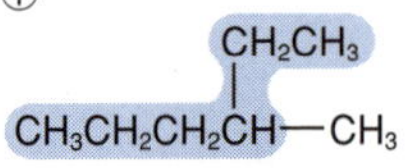

② CH_3CH_2—$CH(CH_3)CH(CH_3)CH$—$CH(CH_3)CH_2CH_3$ with side chain $CH_2CH_2CH_3$

③ CH_3—$CH(CH_2CH_2CH_3)$—CH_2CH_3 with side chain CH_2CH_3 (下方 CH_2CH_3)

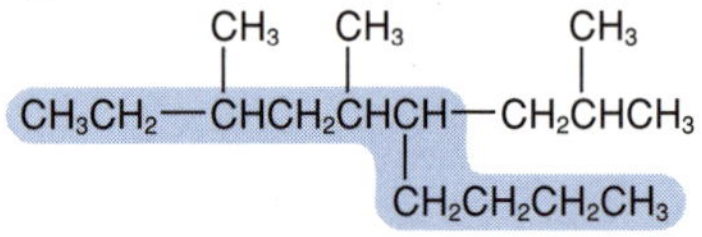

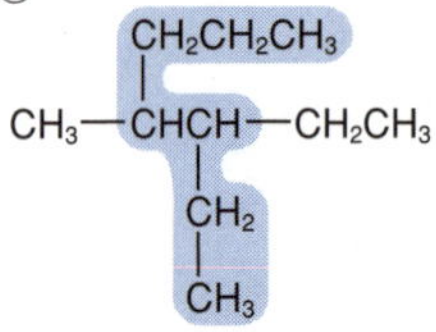

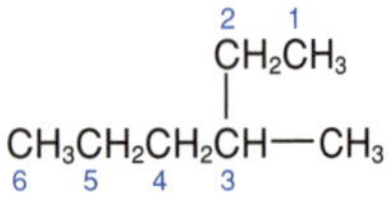

b) 炭素骨格，位置番号は左図のようになる．① 6，② ヘキサン，③ メチル，④ 3，⑤ 3-メチルヘキサン

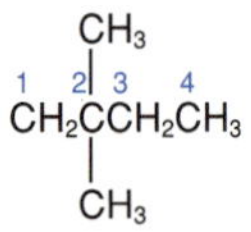

c) ① 同じ置換基が複数個ある場合，ギリシャ語の数詞のジ (2個)，トリ (3個)，テトラ (4個) などを使って表す．この場合，母体名はブタンであり，2個のメチル基が C_2 に付いている．よって，2,2-ジメチルブタンとなる．

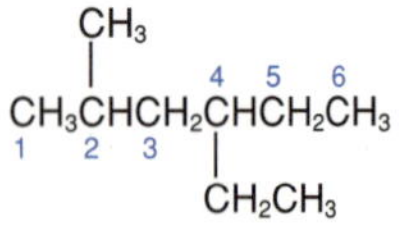

② 2種類以上の置換基がある場合，アルファベット順に示す．この場合，母体名はヘキサンであり，1個のメチル基が C_2 に，1個のエチル基が C_4 に付いている．よって，4-エチル-2-メチルヘキサンとなる．

補足 アルカンから水素1個を除いた置換基を**アルキル基**という．アルキル基の名称は母体となるアルカンの接尾語–ane（アン）を–yl に置き換えたものである．以下に，炭素数1〜4までのアルキル基の名称を示した．分岐アルキル基は慣用名を用いることが多い．

アルキル基	日本語名称	英語名称
$-CH_3$	メチル	methyl
$-CH_2CH_3$	エチル	ethyl
$-CH_2CH_2CH_3$	プロピル n-プロピル 慣	propyl n-propyl (normal)
$-CH(CH_3)_2$	1-メチルエチル イソプロピル 慣	1-methylethyl isopropyl
$-CH_2CH_2CH_2CH_3$	ブチル n-ブチル 慣	butyl n-butyl
$-CH_2CH(CH_3)_2$	2-メチルプロピル イソブチル 慣	2-methylpropyl isobutyl
$-CH(CH_3)CH_2CH_3$	1-メチルプロピル s-ブチル 慣	1-methylpropyl s-butyl (sec-butyl)
$-C(CH_3)_3$	1,1-ジメチルエチル t-ブチル	1,1-dimethylethyl t-butyl ($tert$-butyl)

慣 は慣用名

※※

例題 2・4 アルケン，アルキンの命名

a) 二重結合をもつ直鎖アルケンの名称は相当するアルカンの–ane を–ene（二重結合一つ），–adiene（二重結合二つ）などに換えればよい．また，二重結合の位置は二重結合が最小の番号で表されるようにする．

以下のアルケンの名称をいえ．

① $CH_3CH=CHCH_2CH_3$

② $CH_3CHCH=CHCH_3$ （CH_3 が2番目の炭素に結合）
　　$\ \ \ \ |$
　　$\ \ CH_3$

③ $CH_2=CHCH_2CH=CHCH_3$

b) 三重結合をもつ直鎖アルキンの名称は相当するアルカンの–ane を–yne（三重結合一つ），–adiyne（三重結合二つ）などに換えればよい．

以下のアルキンの名称をいえ．

① CH≡CCH₂CH₂CH₂CH₃

② CH₃CH₂CH₂CHC≡CCH₂CH₃
          |
          CH₂
          |
          CH₃

解答

$\overset{1}{C}H_3\overset{2}{C}H=\overset{3}{C}H\overset{4}{C}H_2\overset{5}{C}H_3$

$\overset{5}{C}H_3\overset{4}{C}H\overset{3}{=}\overset{2}{C}H\overset{1}{C}H_3$ (with CH₃ branch on C4)

$\overset{1}{C}H_2=\overset{2}{C}H\overset{3}{C}H_2\overset{4}{C}H=\overset{5}{C}H\overset{6}{C}H_3$

$\overset{1}{C}H≡\overset{2}{C}\overset{3}{C}H_2\overset{4}{C}H_2\overset{5}{C}H_2\overset{6}{C}H_3$

$\overset{8}{C}H_3\overset{7}{C}H_2\overset{6}{C}H_2\overset{5}{C}H\overset{4}{C}≡\overset{3}{C}\overset{2}{C}H_2\overset{1}{C}H_3$
                |
                CH₂
                |
                CH₃

a) ① pentane（ペンタン）→ pentene（ペンテン）となり，二重結合の位置は最も小さい位置番号2で表される．よって，2-ペンテンとなる．

② ①のペンテンのC₄にメチル基が付いている．よって，4-メチル-2-ペンテンとなる．

③ 二重結合が二つあるので，hexane（ヘキサン）→ hexadiene（ヘキサジエン）となる．よって，1,4-ヘキサジエンとなる．

b) ① hexane（ヘキサン）→ hexyne（ヘキシン）となり，三重結合の位置は最も小さい位置番号1で表される．よって，1-ヘキシンとなる．

② octane（オクタン）→ octyne（オクチン）となり，C₅にエチル基が付いている．よって，5-エチル-3-オクチンとなる．

例題 2・5　官能基の名前と性質

a) 表の空欄を埋めて完成せよ．

官能基	名　称	一般名
−OH		
		ケトン
−C(=O)H	ホルミル基	
		カルボン酸
	アミノ基	
−CN		
	ニトロ基	ニトロ化合物
−SO₃H		

b) つぎの文はヒドロキシ基−OH，カルボニル基>C=O，カルボキシ基−COOH，アミノ基−NH₂の性質を述べたものである．それぞれの性質に対応する官能基名をいえ．

① 金属ナトリウムと反応して水素を発生する．
② 塩基としての性質をもつ．
③ 強い酸としての性質をもつ．
④ π電子による大きな極性のために，多様な反応性を示す．

解 答!

a)

官能基	名 称	一般名
−OH	ヒドロキシ基	アルコール
>C=O	カルボニル基	ケトン
−C(=O)H	ホルミル基	アルデヒド
−C(=O)OH	カルボキシ基	カルボン酸
−NH₂	アミノ基	アミン
−CN	シアノ	ニトリル
−NO₂	ニトロ基	ニトロ化合物
−SO₃H	スルホ基	スルホン酸

b) ① ヒドロキシ基，カルボキシ基，アミノ基，② ヒドロキシ基，アミノ基，③ カルボキシ基，④ カルボニル基

−OH：水素と酸素の電気陰性度の差が大きいために分極して，水素がプラスに，酸素がマイナスに荷電するため，水素がプロトン H⁺ として解離しやすくなり，酸として作用する．そのため，イオン化傾向の大きい金属ナトリウムと反応して水素を発生する．一方，ROH の酸素は非共有電子対をもち，H⁺ を受容することができるため塩基としても作用する．

$$ROH + Na \longrightarrow RO^-Na^+ + \frac{1}{2}H_2$$

RO⁻ をアルコキシドイオンという．

−NH₂：N−H の分極は小さく，窒素は非共有電子対をもつため，塩基としての性質をもつ．一方，RNH₂ は H⁺ を解離するため，酸としても作用する．そのため，金属ナトリウムと反応して水素を発生する．

−COOH：>C=O と −OH の二つの官能基が合わさってできたものである．水溶液中で −OH からプロトン H$^+$ が解離するため，強い酸としての性質をもつ．そのため，金属ナトリウムと反応して水素を発生する．また，酸の強さとしては −COOH のほうが −OH よりも圧倒的に強い．

>C=O：電気陰性度に差があるため，C=O 二重結合の π 電子が酸素に引き寄せられ，分極する．このため，多様な反応性を示す．

この理由については，練習問題 2・4 を参照．

****

例題 2・6　官能基をもつ分子の命名

空欄を埋めて，下記の分子を命名せよ．

$$\begin{array}{c}\text{OH}\\|\\ \text{CH}_3-\text{CH}-\text{CH}-\text{CH}_2-\text{CH}_3\\|\\ \text{Cl}\end{array}$$

官能基を含む有機分子の名前は以下のように構成されている．

接頭語（置換基（付属官能基）の位置と種類）＋ 母体名 ＋ 接尾語（主官能基の種類）

ⅰ）最も長い炭素骨格（主炭素骨格）に相当するアルカンを母体名とする．この場合，炭素原子は ① 個あるので， ② が母体名となる．

ⅱ）主官能基を決定する．さらにアルカンの語尾を，主官能基を表す接尾語に変える．この場合，主官能基は −OH でありアルコールの接尾語 -ol（オール）に変えるので， ③ となる．

主官能基になる順位：カルボン酸＞ニトリル＞アルデヒド＞ケトン＞アルコール＞アミン＞ハロゲン化物

ⅲ）主炭素骨格の炭素原子に番号を付ける．主官能基により近い主炭素骨格の末端炭素が最も小さい番号になるようにする．この場合，主官能基 −OH は位置番号 ④ の炭素に付いているため， ⑤ となる．

分枝アルカンの場合，最初の分岐点により近い末端炭素が最も小さい番号となる．

ⅳ）主炭素骨格に付いている置換基（主官能基以外の官能基）の種類と位置を決める．この場合，置換基 −Cl は位置番号 ⑥ の炭素に付いており，その接頭語は ⑦ となる．ここで，2 個以上の異なる置換基が付いている場合には，アルファベット順に並べる．

よって，この分子の名前は ⑧ となる．

2. 有機分子の表記法，命名法および官能基 33

解答! 主炭素骨格と位置番号は右図のようになる．① 5，② ペンタン，③ ペンタノール，④ 2，⑤ 2-ペンタノール，⑥ 3，⑦ クロロ (chloro-)，⑧ 3-クロロ-2-ペンタノール

おもな官能基の接頭語と接尾語は以下のようになる．

官能基	接頭語	接尾語
$-OH$	ヒドロキシ (hydroxy-)	オール (-ol)
$>C=O$	オキソ (oxo-)	オン (-one)
$-C(=O)H$	ホルミル (formyl-)	アール (-al)[a] カルバルデヒド[b] (-carbaldehyde)
$-C(=O)OH$	カルボキシ (carboxy-)	カルボン酸 (-carboxylic acid)
$-NH_2$	アミノ (amino-)	アミン (-amine)
$-CN$	シアノ (cyano-)	ニトリル (-nitrile)[a] カルボニトリル[b] (-carbonitrile)
$-SO_3H$	スルホ (sulfo-)	スルホン酸 (-sulfonic acid)

a) 非環状の場合
b) 環状の場合

例題 2・7 芳香族化合物の構造と名前

a) 以下の分子から芳香族化合物であるものを選べ．

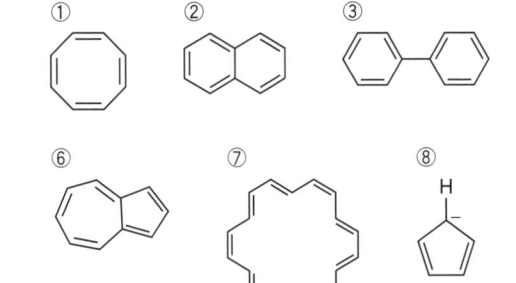

① ② ③ ④ ⑤

⑥ ⑦ ⑧ ⑨ ⑩

b) 芳香族化合物には慣用名をもつものが多い．空欄に慣用名あるい

は構造式を記入せよ．

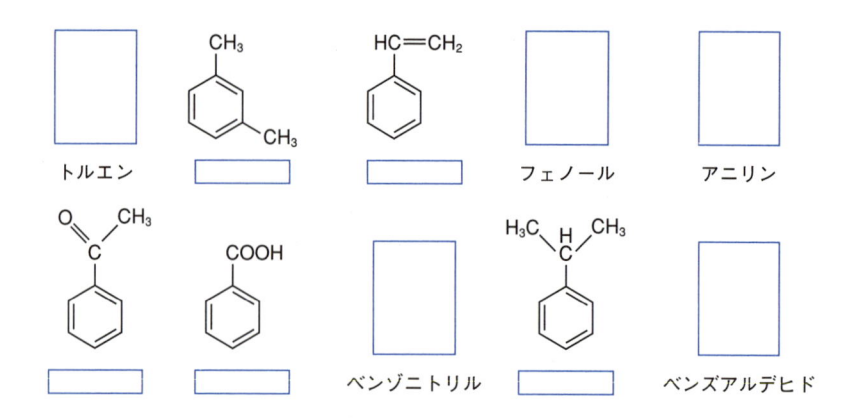

	CH₃ 環(1,3位にCH₃)	HC=CH₂ 環		
トルエン			フェノール	アニリン

O=C-CH₃ 環	COOH 環		H₃C-CH-CH₃ 環	
		ベンゾニトリル		ベンズアルデヒド

ナフタレンやフェナントレンなどのように，2個以上のベンゼン環が辺を共有してできたものを**縮合多環芳香族化合物**という．

解答！

a) 平面構造をもち，環内に $(4n+2)$ 個 $(n=0, 1, 2\cdots)$ の π 電子を含むものは，ヒュッケル則に従い芳香族化合物となる．

よって，芳香族化合物であるものは，② ナフタレン (10π)，③ ビフェニル (ベンゼン環 (6π) が 2 個)，④ チオフェン (6π)，⑥ アズレン (10π)，⑦ [18]アヌレン (18π)，⑧ シクロペンタジエニルアニオン (6π)，⑩ フェナントレン (14π)．

一方，① シクロオクタテトラエン (8π)，⑤ シクロブタジエン (4π)，⑨ シクロペンタジエニルカチオン (4π) となり，これらは芳香族化合物ではない．

図 2·1(a) に示すように，④ のチオフェンの硫黄原子は sp² 混成軌道であり，環に垂直な p 軌道に非共有電子対が存在するので，合計 6 個の π 電子が存在する．また，環に水平な sp² 混成軌道にも非共有電子対が存在する．

図 2·1(b) に示すように，シクロペンタジエンから H⁺ が解離した ⑧ のアニオンでは p 軌道の一つが非共有電子対をもつので，合計 6 個の π 電子をもつ．一方，⑨ のカチオンではこの p 軌道が空になるので，π 電子は 4 個となる．

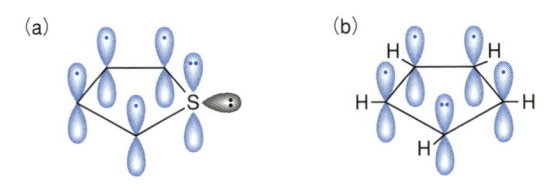

図 2・1 チオフェン(a)およびシクロペンタジエニルアニオン(b)のπ電子

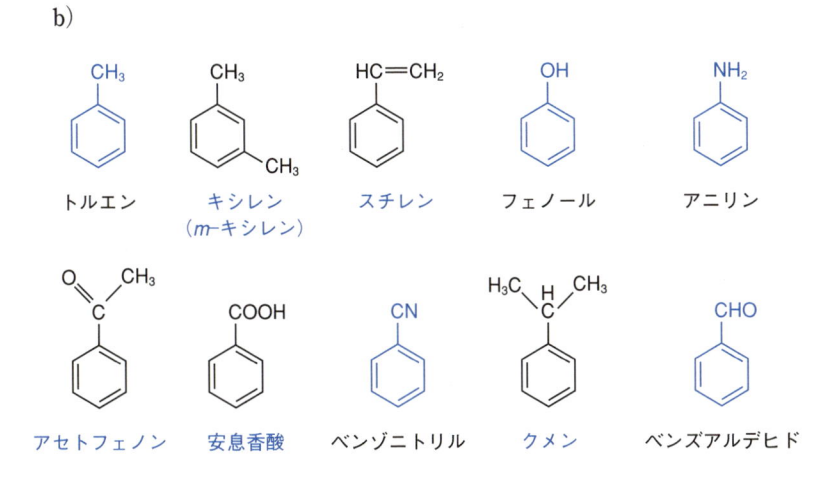

b)

トルエン　キシレン（*m*-キシレン）　スチレン　フェノール　アニリン

ベンゼン二置換体（この場合，*m*-キシレンの命名については練習問題 2・3a）の⑤の解答を参照．

アセトフェノン　安息香酸　ベンゾニトリル　クメン　ベンズアルデヒド

例題 2・8 置換基効果

a) 置換基効果のうちで，電子的効果によるものとして誘起効果と共鳴効果がある．下図を参考にして，それぞれの効果について簡単に説明せよ．

共鳴効果はメソメリー効果ともいう．

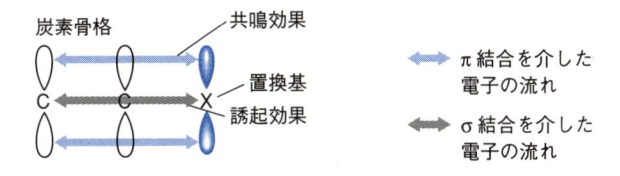

炭素骨格　共鳴効果　置換基　誘起効果
⟷ π結合を介した電子の流れ
⟷ σ結合を介した電子の流れ

b) 誘起効果には電子求引効果と電子供与効果がある．図を参考にして，それぞれの効果について簡単に説明せよ．

図中の X は置換基を示す．

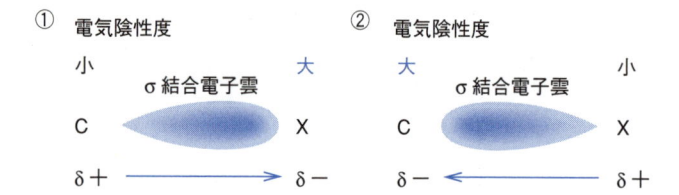

① 電気陰性度
小　σ結合電子雲　大
C　　　　　　　　X
δ＋ ──────→ δ－

② 電気陰性度
大　σ結合電子雲　小
C　　　　　　　　X
δ－ ←────── δ＋

c) アクリルアルデヒド $CH_2=CH-CHO$ では，カルボニル基の分極により共鳴効果が引き起こされる．構造式 II，III に部分電荷＋，－を書き込んで完成させよ．

$$CH_2=CH-CHO \quad \leftrightarrow \quad CH_2=CH-CHO \quad \leftrightarrow \quad CH_2-CH=CHO$$

　　　I　　　　　　　　　　　II　　　　　　　　　　　III

解答

このような置換基効果は分子の性質や反応性に影響を与える．

a) 電気陰性度の違いによる置換基（官能基）中の電子密度の偏りは，隣接する炭素骨格にも分極を引き起こす．このうち，σ結合を介するものを**誘起効果**といい，π結合を介するものを**共鳴効果**という．

b) ① 電気陰性度が炭素よりも大きい置換基は炭素骨格から電子を奪い，σ結合電子雲に偏りが生じ，炭素骨格はプラスに荷電する．一方，② 電気陰性度が炭素骨格より小さいときは，炭素骨格にσ結合電子雲が供与され，炭素骨格はマイナスに荷電する．

補足 電子求引効果および電子供与効果をもつ置換基を表に示した．

置換基の誘起効果

電子求引基	電子供与基
$-F$, $-Cl$, $-Br$, $-I$ $-OH(OR)$, $-NH_2(NR_2)$, $-\overset{+}{N}R_3$ $-CHO(COR)$, $-COOH(COOR)$ $-CN$, $-NO_2$	アルキル基（$-CH_3$, $-C_2H_5$ など） $-O^-$, $-S^-$

c)

構造式Ⅰのアクリルアルデヒドのカルボニル基の分極によって，構造式Ⅱのように炭素①がプラスに荷電し，二重結合のπ電子を引き寄せる．その結果，構造式Ⅲのように炭素③はプラスに荷電し，移動したπ電子によって炭素①と②の間に二重結合が生じる．

補足 共鳴効果にも電子求引性のものと電子供与性のものがある．それぞれの効果をもつ置換基を表に示した．

ハロゲン原子，$-OH(OR)$，$-NH_2(NR_2)$ などは誘起効果では電子求引性，共鳴効果では電子供与性をもつ．

置換基の共鳴効果

電子求引基	電子供与基
$-CHO(COR)$, $-COOH(COOR)$ $-CN$, $-NO_2$	アルキル基（$-CH_3$, $-C_2H_5$ など） $-O^-$, $-S^-$ $-OH(OR)$, $-NH_2(NR_2)$ $-F$, $-Cl$, $-Br$, $-I$

練習問題

2・1

a) 下記の骨格構造式をケクレ構造式で表せ．

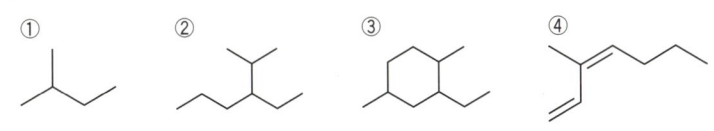

① ② ③ ④

b) 下記のケクレ構造式を骨格構造式で表せ．

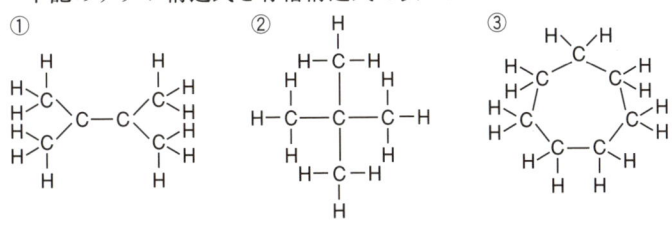

① ② ③

2・2 下記の分子を命名せよ．立体化学は考えない．

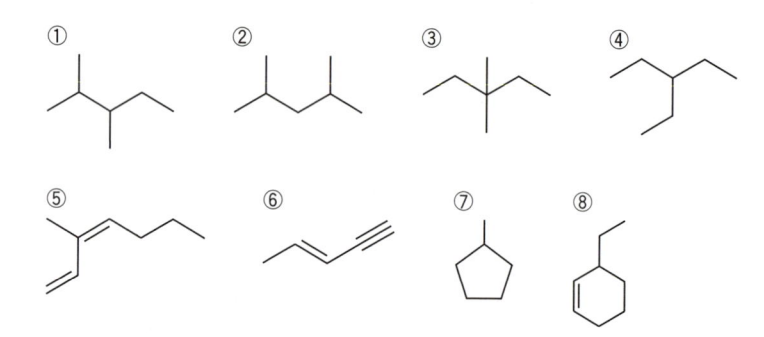

2・3

a) 下記の分子を命名せよ．

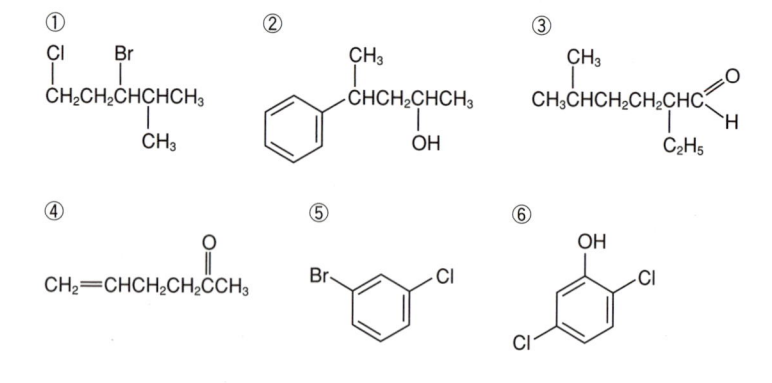

b) 分子式 C_3H_6O で表される，① アルデヒド，② ケトン，③ アルコール，④ エーテルの短縮構造式を一つずつ示せ．

2・4

a) 酸・塩基の概念は有機化学において重要である．以下の文の空欄を埋めて完成せよ．

ブレンステッド・ローリーの定義によれば，水に溶けると ① を放出する物質を**酸**といい，① を受取る物質を**塩基**という．ここで酸を HA で表すと，水中において HA は (1)式のように解離する．

$$HA + H_2O \rightleftharpoons \boxed{②} + \boxed{③} \quad (1)$$

ここで正方向の反応では HA が酸，H_2O が塩基となり，逆方向の反応では ② が酸，③ が塩基となる．

酸 HA の強さは**酸(解離)定数** K_a で表され，大過剰に存在する水の濃度を $[H_2O]$ を一定とすると，(2)式のように書ける．

$$K_a = \boxed{④} \quad (2)$$

よって，酸の強さは K_a が ⑤ ほど強くなる．また，(3)式の pK_a を用いて酸の強さを表すことも多い．

$$pK_a = \boxed{⑥} \quad (3)$$

この場合，酸の強さは pK_a が ⑦ ほど強くなる．

ここで酸 HA の強さは，A^- が安定であるほど強くなる．つまり，A^- におけるマイナスの電荷をもつ原子の ⑧ が大きければ，A^- は安定化されることになる．

b) アルコール ROH とカルボン酸 RCOOH における酸の強さを比較すると，カルボン酸のほうがアルコールよりもかなり強いことがわかる．この理由はアニオンの安定性の違いによる．このことを簡単に説明せよ．

c) $ClCH_2COOH$ と FCH_2COOH ではどちらが強い酸か．また，その理由を簡単に述べよ．

d) ①，②には塩素で置換したカルボン酸を示した．それぞれのグループについて酸の強い順に並べ替えよ．

①

```
    H              Cl             Cl
    |              |              |
Cl—C—COOH    Cl—C—COOH     Cl—C—COOH
    |              |              |
    H              H              Cl
```

② CH_3CHCH_2COOH $CH_2CH_2CH_2COOH$ $CH_3CH_2CHCOOH$
         | | |
         Cl   Cl   Cl

酸・塩基の定義には，ルイスの定義というものもある．ここでは，酸・塩基を非共有電子対のやりとりによって定義する．すなわち，非共有電子対を供給する物質が**塩基**となり，それに対して空軌道をもっていて非共有電子対を受取る物質が**酸**となる．

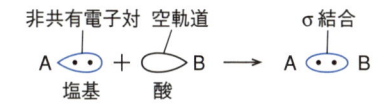

```
非共有電子対  空軌道          σ結合
  A :    +    B     →      A : B
  塩基         酸
```

カルボン酸は弱酸性であり，アルコールはほぼ中性である．

3 有機分子の立体構造

　有機分子には分子式が同じでありながら，構造の異なる分子が存在する．このような分子を互いに**異性体**という．

　異性体は，分子を構成する原子の結合の順序が異なる**構造異性体**と，原子の結合の順序が同じであるが立体的な配置が異なる**立体異性体**に分けることができる．

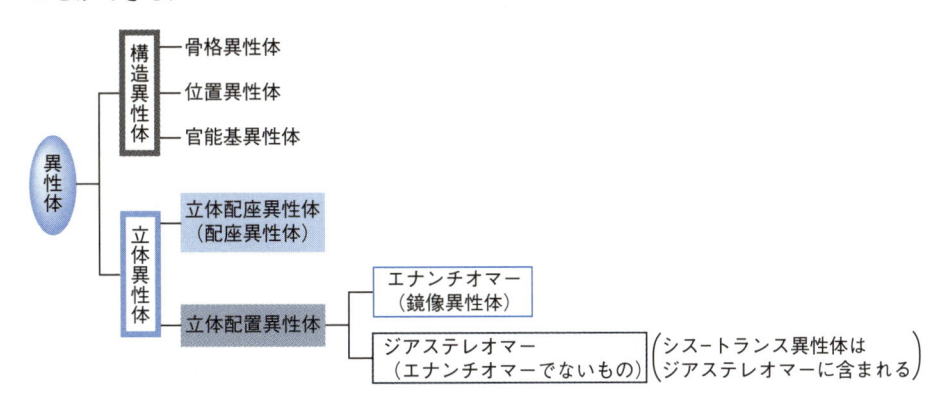

```
              ┌ 骨格異性体
       ┌ 構造異性体 ┼ 位置異性体
異性体 ┤          └ 官能基異性体
       │          ┌ 立体配座異性体（配座異性体）
       └ 立体異性体 ┤
                  └ 立体配置異性体 ┬ エナンチオマー（鏡像異性体）
                                └ ジアステレオマー（エナンチオマーでないもの）（シス-トランス異性体はジアステレオマーに含まれる）
```

　構造異性体には，骨格異性体，位置異性体，官能基異性体などがある．下記には，いくつかの構造異性体の例を示した．

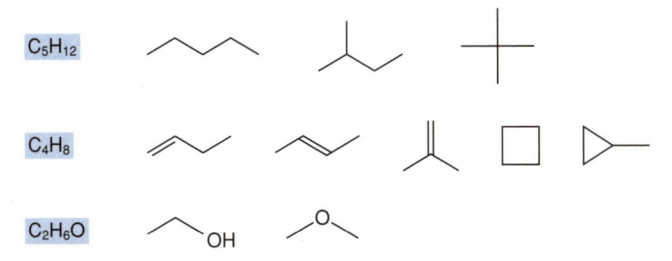

C_5H_{12}

C_4H_8

C_2H_6O

立体異性体は**立体配座異性体**と**立体配置異性体**に大きく分けられる．立体配座異性体は相互変換が可能な立体配座をもつ異性体のことをいう．一方，立体配置異性体はエナンチオマーとジアステレオマーに分けられる．**エナンチオマー（鏡像異性体）**は鏡像関係にあり，互いに重ね合わせることができない一対の分子のことをいう．一方，エナンチオマー以外の立体配置異性体のことを**ジアステレオマー（ジアステレオ異性体）**という．置換基の二重結合に対する空間的な配置の違いなどによるものを**シス–トランス異性体**といい，これはジアステレオマーに含まれる．

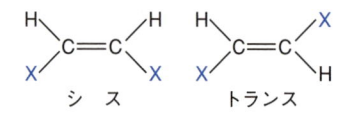

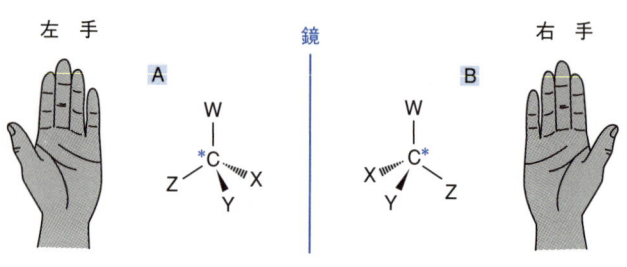

ジアステレオマーでは物理的・化学的性質は異なる．一方，エナンチオマーでは物理的・化学的性質は同じであるが，光学的性質が異なる．一対のエナンチオマーに振動方向のそろった光（偏光）を通過させると，偏光を同じ角度で互いに逆向きに傾けるという性質，つまり**旋光性**をもつという特徴がある．

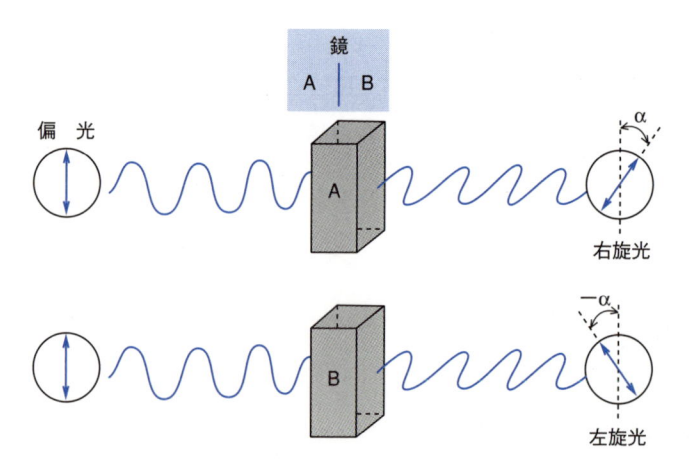

そのほか，エナンチオマーでは味や薬理効果のような生理作用も異なる．

通常の構造式による表記では立体異性体を見分けにくい．そこで，分子の三次元的な構造を理解しやすく表記するためにいくつかの方法が用いられている．

炭素原子に4個の異なる置換基が付いた四面体形の分子を例に見てみよう．図(a)のような通常の構造式からは分子の立体構造についての情報は得られない．そこで，図(b)に示したように，紙面上にある原子（W, X）の結合を実線で，紙面より手前に出ている原子（Y）の結合を楔（くさび）▶ で，紙面の後方にある原子（Z）の結合を ⦀⦀ で表せば，分子の立体構造（置換基の立体配置）を表記することができる．

▶ や ⦀⦀ では尖った先端が紙面上の原子に付いている．

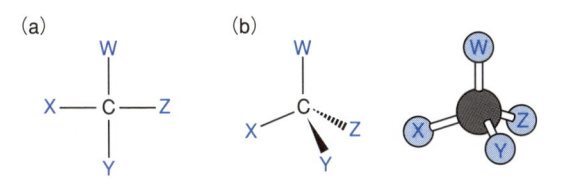

分子の立体配座を表記するのによく用いられるのが**ニューマン投影式**である．分子を C–C 結合軸にそって見て，後ろの炭素を円で表し，手前の炭素を円の中心として表示する．このとき，後ろの炭素の結合は円の周囲から出るように，手前の炭素の結合は円の中心で交わるように表される．

そのほか，エナンチオマーやジアステレオマーの表記によく用いられるものに**フィッシャー投影式**がある．

フィッシャー投影式については，例題 3·5 などで取扱う．

★★★

例題 3·1　構造異性体

a) 分子式 C_6H_{14} をもつ有機分子の構造異性体をすべてあげよ．
b) 分子式 C_5H_{10} をもつ有機分子の構造異性体をすべてあげよ．

44　3. 有機分子の立体構造

a) 分子式 C_nH_{2n+2} からアルカンであることがわかる．

直鎖状，枝分かれ状などと，炭素骨格の違いによる構造異性体を **骨格異性体** という．

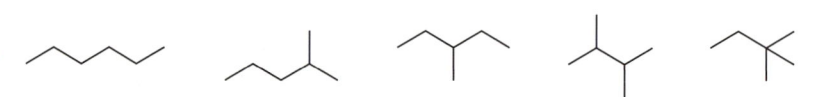

b) 分子式 C_nH_{2n} からアルケンあるいはシクロアルカンであることがわかる．

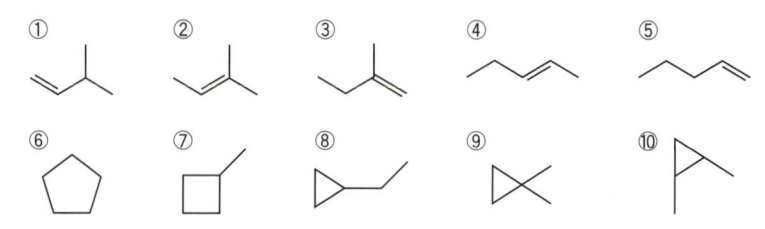

① ② ③ ④ ⑤
⑥ ⑦ ⑧ ⑨ ⑩

上記の異性体のなかには，立体異性体があるものも存在する．このことについては例題 3・3 で取扱う．

炭素数の増加とともに，より多くの異性体が存在することがわかっている．表にはアルカンの異性体数を示した．炭素数が 30 のアルカンの異性体数は 40 億を超える！

分子式	異性体数	分子式	異性体数
C_4H_{10}	2	C_9H_{20}	35
C_5H_{12}	3	$C_{10}H_{22}$	75
C_6H_{14}	5	$C_{15}H_{32}$	4347
C_7H_{16}	9	$C_{20}H_{42}$	366 319
C_8H_{18}	18	$C_{30}H_{62}$	4 111 846 763

例題 3・2　立体配座と立体配置

a) つぎの文章の空欄に入る語句を下記から選べ．同じ語句を何度使ってもよい．

> 立体配座，立体配置，立体ひずみ，立体配座異性体，立体配置異性体，互変異性体，エナンチオマー，回転，切断，平面的な，三次元的な

立体異性体を理解するうえで，立体配座と立体配置の概念は重要である．

　① は単結合のまわりの ② によって，簡単に相互変換できる分子一つ一つの ③ 形のことをいう．一方， ④ は結合を ⑤ することによってのみ相互変換できる分子の ⑥ 形のことをいう．

　例えで，これらの違いを見てみよう．有機立体化学好きのネコ君は手と足を動かすだけでいろいろなポーズをとることができ，これらの形は容易に変えることができる．

このようなポーズ（形）一つ一つを ⑦ といい，それぞれのネコ君は互いに ⑧ の関係にある．

一方，ネコ君の手は頭寄りに，足はシッポよりに付いているというように，どのネコ君も同じ ⑨ をもっている．これらを変えるためには，残酷なことではあるが，手足を ⑩ して付け替えるしかない．もし，足が頭寄りに，手がシッポ寄りに付いたネコ君が存在したならば，このネコ君は通常のネコ君とは異なる ⑪ をもつことになる．つまり，両者のネコ君は互いに ⑫ の関係にある．

b) つぎの文のうち，間違っているものはどれか．
① シス-トランス異性体は構造異性体の一種である．
② シス-トランス異性体の物理的・化学的性質は異なる．
③ エタンの立体配座では重なり形のほうがねじれ形より安定である．
④ シクロプロパン C_3H_6 は正三角形構造をとり，シクロブタンは正四角形構造をとる．
⑤ シクロヘキサンの立体配座異性体では，いす形が最も安定である．

解答

a) ① 立体配座, ② 回転, ③ 三次元的な, ④ 立体配置, ⑤ 切断, ⑥ 三次元的な, ⑦ 立体配座, ⑧ 立体配座異性体, ⑨ 立体配置, ⑩ 切断, ⑪ 立体配置, ⑫ 立体配置異性体

b) 間違っているものは①，③，④ である．
① シス-トランス異性体は立体配置異性体に分類され，立体配置異性体の中のジアステレオマーに含まれる．
② たとえば，シス-トランス異性体であるマレイン酸（シス形）とフマル酸（トランス形）では，以下のような性質の違いがある．

立体配座異性体は立体的な形の違いはあるが，すべて同一の分子である．一方，立体配置異性体はすべて異なる分子である．

46   3. 有機分子の立体構造

マレイン酸（シス形）
融点 130～131 ℃
溶解度 0.6 g／水 100 g

140 ℃
−H₂O
→

無水マレイン酸

←140 ℃
✕

フマル酸（トランス形）
融点 287 ℃
溶解度 79 g／水 100 g

③ 図3・1に示すように，手前の水素と後ろの水素が重なっているものを**重なり形配座**といい，手前の水素と後ろの水素が斜め向かいの，ねじれた位置にあるものを**ねじれ形配座**という．ねじれ形のほうが重なり形よりも安定である．このため，エタンは単結合の回転によってねじれ形からねじれ形へ容易に変換するが，重なり形はその過程において瞬間的に存在するだけである．

ねじれ形が重なり形よりも安定である理由については，「有機立体化学（わかる有機化学シリーズ5）」のp.43などを参照されたい．

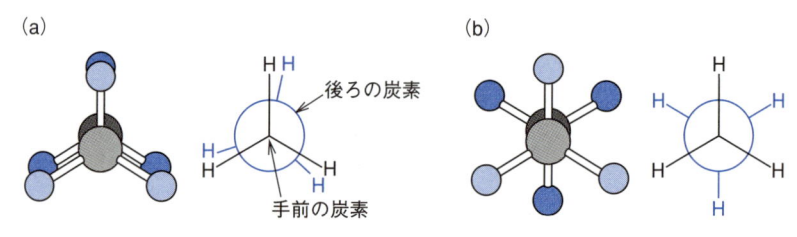

(a)　　　　　　　　　　　　　　(b)

後ろの炭素
手前の炭素

図 3・1 エタンの重なり形配座 (a) およびねじれ形配座 (b)

④ シクロプロパンの構造は正三角形しか考えられないが，シクロブタンはC−C結合の回転により構造が変化でき，少し折れ曲がった構造をとっている（図3・2）．

⑤ シクロヘキサンではいす形配座が最も安定である．いす形配座はエタンにおける最も安定なねじれ形配座と同じである（図3・3）．

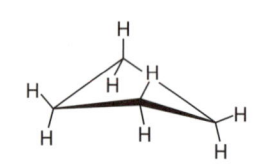

図 3・2 シクロブタンの構造．隣合うC−H結合は完全な重なり形ではない．

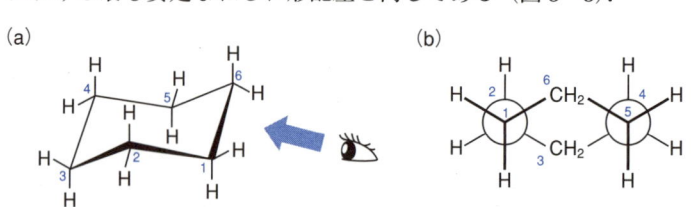

(a)　　　　　　　　　　　　　　(b)

図 3・3 シクロヘキサンのいす形配座．(a) 構造式，(b) ニューマン投影式で，(a) の矢印方向から見たもの．

例題 3・3 　立体配置異性体

a)　例題 3・1 b) で取上げた C_5H_{10} の構造異性体のなかにシス–トランス異性体の存在する分子がある. 該当する分子をすべてあげ, シス体, トランス体をそれぞれ骨格構造式で表せ.

b)　a) のシス–トランス異性体のうちで, エナンチオマー（鏡像異性体）をもつものが存在する. 該当する分子をあげよ.

解答

a)　シス–トランス異性体が存在するものは ④, ⑩ である.

④　二重結合のまわりの回転は一般的に不可能であり, そのためにシス–トランス異性体が生じる. この場合, CH_3 と C_2H_5 が二重結合の同じ側にあるものがシス体, 反対側にあるものがトランス体である.

⑩　二重結合をもたない環状分子において, C–C 単結合の回転は環構造により制限されるので, シス–トランス異性体が生じる. この場合はメチル基が環平面に対して同じ側にあるものがシス体, 反対側にあるものがトランス体となる（図 3・4）.

b)　⑩の分子のトランス体には, 図 3・4 のようなエナンチオマーが存在する. これらは, 鏡に映した右手と左手のような関係にあり, 決して重ね合わせることができない.

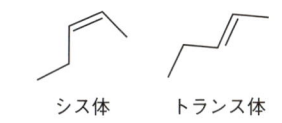

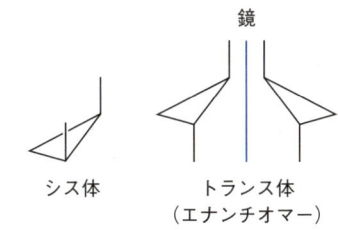

図 3・4　シクロプロパンのシス–トランス異性体およびエナンチオマー

例題 3・4　立体配座異性体とニューマン投影式

a)　図はブタンの立体配座のいくつかをニューマン投影式で示したものである. ここでは, C_2–C_3 軸を中心に C_2 を 60° ずつ回転させた様子を描いた. 空欄に該当する立体配座のニューマン投影式を書き入れて完成せよ.

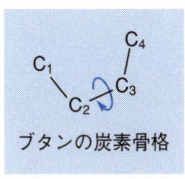

ブタンの炭素骨格

48   3. 有機分子の立体構造

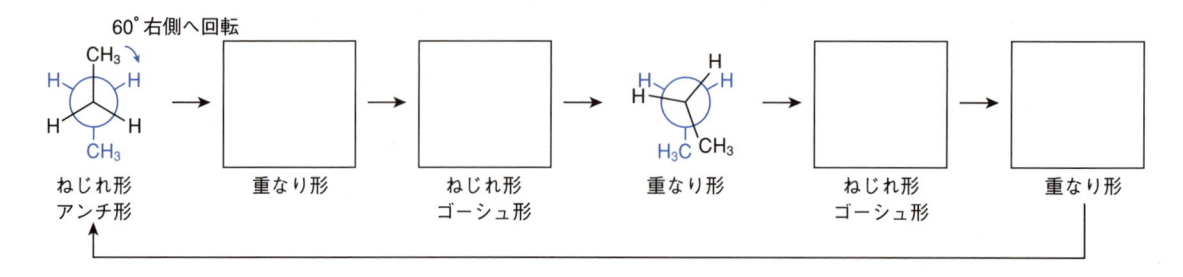

b) つぎの図 ①〜④ のうち，上記のブタンの立体配座のエネルギー曲線を示したものはどれか.

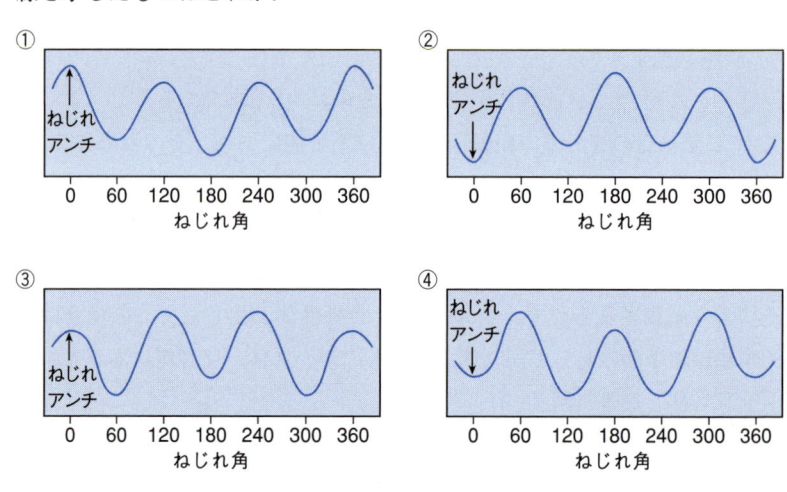

c) ブタンのねじれ形には安定な配座が 2 種類存在し，それぞれの安定性に違いがある．この原因を "立体ひずみ" という言葉を用いて簡単に説明せよ．

解答!

a) C_2-C_3 は単結合であり，回転が可能である．このため，いくつものニューマン投影式を書くことができる（図 3・5）．ねじれ形を出発として 60° ずつ回転させると，ねじれ形と重なり形が交互に現れるのがわかる．また，ねじれ形ではメチル基同士が接近したものを**ゴーシュ形配座**，メチル基同士が遠く離れているものを**アンチ形配座**とよぶ．

図 3・5　ブタンの立体配座

b)　②が正しい．エネルギー曲線において不安定な重なり形が極大点に相当し，安定なねじれ形が極小点に相当する（図3・6）．重なり形のなかでも，メチル基同士が接近しているものは非常に不安定であり，最も高いエネルギーをもつ．ねじれ形ではメチル基同士が遠く離れているアンチ形のほうがゴーシュ形よりも安定であり，最も低いエネルギーをもつ．

c)　ゴーシュ形ではメチル基 CH_3 同士が接近しているため，大きな立体ひずみを生じる．一方，アンチ形では CH_3 同士は反対側にあるので立体ひずみを生じない．このため，ゴーシュ形のほうがアンチ形よりもエネルギーが高くなり，そのエネルギー分だけ不安定になる．

重なり形でも同様のことがいえる．

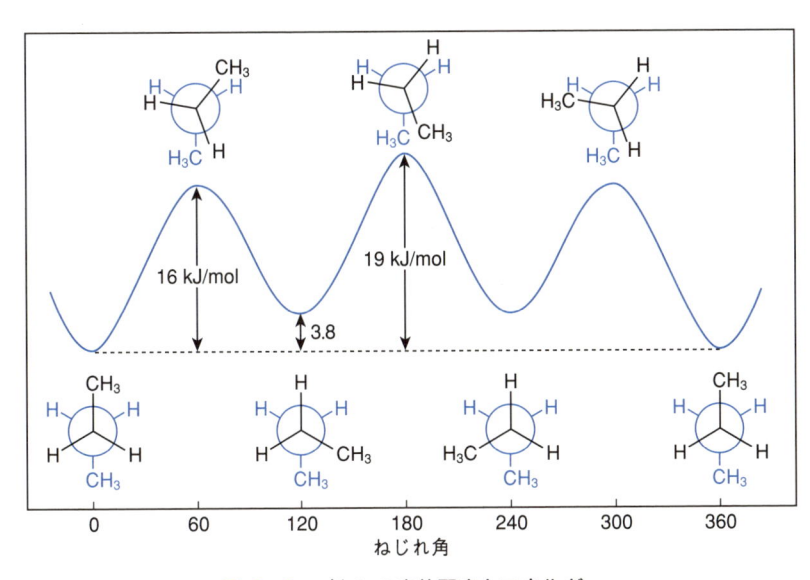

図 3・6　ブタンの立体配座とエネルギー

補足
立体ひずみとは二つの原子同士が接近して，それぞれの原子のもつ原子半径の範囲内に入ることで生じる反発的な相互作用によるひずみのことをいう．立体ひずみが生じると，分子は二つの原子ができるだけ離れて存在するような立体配座をとるようになる．

例題 3・5 フィッシャー投影式

a) 下記の分子をフィッシャー投影式で示せ．

① H–C(C₂H₅)(CH₃)–C₃H₇   ② Cl–C(H)(Br)–CH₃

b) a) の分子 ① を紙面上で180°回転させたもの，および裏から見て90°時計回りに回転させたものをそれぞれフィッシャー投影式で表せ．

解答

フィッシャー投影式は分子の三次元的な構造を紙面上（二次元）に表す方法の一つである．

a) 中心炭素から伸びている"くさび（楔）"のうち，実線のものは紙面から手前に飛び出している結合を示し，紙面から奥に向かう結合は破線で書くことになっている．

フィッシャー投影式を書くには，実線のくさびを水平方向に，破線のくさびを垂直方向に表示する．よって，

① （C₂H₅ 上，H 左，C₃H₇ 右，CH₃ 下） ② （H 上，Cl 左，CH₃ 右，Br 下）

b) フィッシャー投影式はつぎのようになる．同じ構造の分子でも見る方向によって，いろいろなものが書ける．

例題 3・6 エナンチオマー（鏡像異性体）

鏡に映した右手と左手の関係のように，決して重ね合わせることのできない分子を互いに**エナンチオマー（鏡像異性体）**という．

a) つぎにあげる物体で鏡に映ったものが，重なり合わないものはどれか．

> テニスラケット，ゴルフクラブ，ねじ，くぎ，自動車，歯ブラシ，靴，バット，グローブ，手袋，靴下（足に履いていない），コップ

b) 下記の分子のエナンチオマーを書け．

① ②

解 答

a) 図3・7に示した．ここで実像と鏡像が重ねられない性質を**キラリティー**といい，そのような性質をもつ物体を**キラル**であるという．一方，実像と鏡像が重なり合う物体を**アキラル**という．

手と同様に足もキラルである．そのため，手袋，靴もキラルであるし，足に履いた靴下もキラルである．ただし，履いていない靴下はふつうはアキラルである．自動車はハンドルが付いているので，キラルである．ゴルフクラブやグローブなどは利き手専用のものを使用するのでキラルであるが，テニスラケットやバットは利き手にこだわらず使用できるのでアキラルである．さらに，くぎはアキラルであるが，ねじはキラルである．コップや歯ブラシもアキラルである．

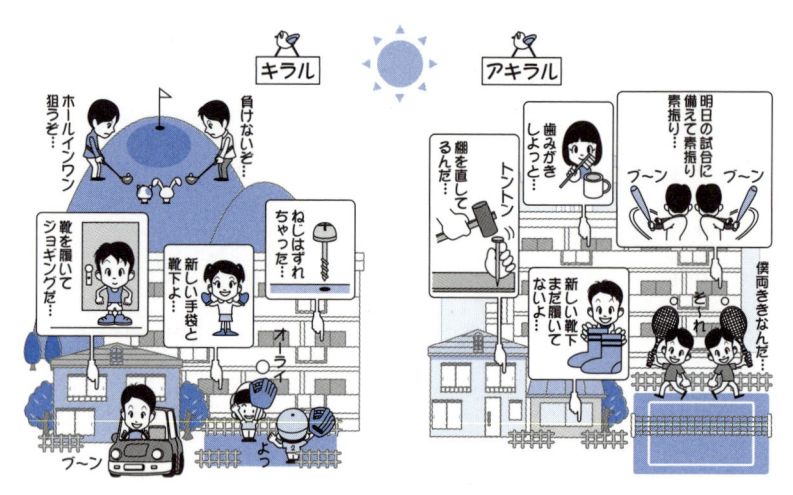

図 3・7　キラルとアキラル

b)　それぞれの分子の鏡に映った構造を書けば，エナンチオマーになる．

③ 　　　　　　　　　　　④

また，これらの分子はフィッシャー投影式でつぎのようにも書け，例題の分子とその鏡像異性体はフィッシャー投影式においても鏡像の関係になる．

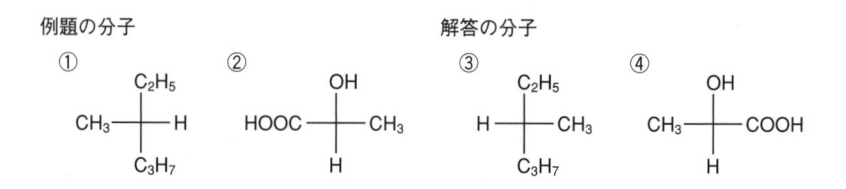

例題の分子　　　　　　　　　　　　解答の分子
① 　　　　② 　　　　　　　③ 　　　　④

****
例題 3・7　不斉炭素とエナンチオマーの性質

a)　つぎの分子において，四つの異なる原子（原子団）が付いている炭素原子に＊の印を付けよ．

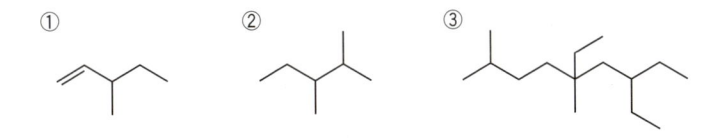

① ② ③

b) つぎの文のなかで間違っているものをあげよ．
① 不斉炭素を1個だけもつ分子のすべてはエナンチオマーをもつ．
② エナンチオマーでは互いの物理的・化学的性質は同じである．
③ 一組のエナンチオマーの1：1混合物は旋光性を示す．
④ エナンチオマーはジアステレオマーの一種である．
⑤ 一組のエナンチオマーは容易に分離できる．

解答

a) 水素以外の異なった原子団（置換基）を丸で囲んで示した．このように，四つの異なる原子（原子団）が付いている炭素原子を**不斉炭素**という．

不斉炭素は * を付けて表すことがある．

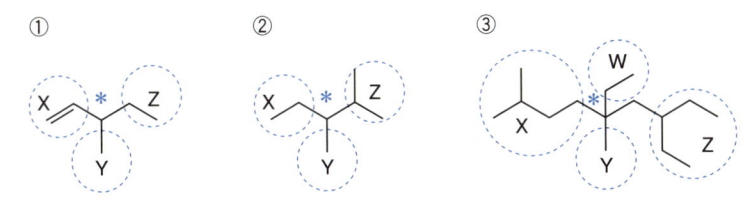

① ② ③

b) 間違っているものは ③，④，⑤ である．

① は正しい．エナンチオマーになる条件の一つとして，不斉原子を1個だけもつことがあげられる．不斉炭素を1個だけもつ分子は対称面をもたないのでキラルである（図3・8）．逆に，対称面をもつ分子はアキラルになる．

ここで，キラルとなる要素である不斉炭素を**キラル中心**あるいは**立体中心**という．

② は正しい．エナンチオマーでは互いの物理的・化学的性質は同じであるが，光学的性質が異なる．

③ は間違い．一組のエナンチオマーでは互いに反対の旋光性を示す．そのため，それぞれが同じ量だけ存在すると旋光性は消失する．このよう

3. 有機分子の立体構造

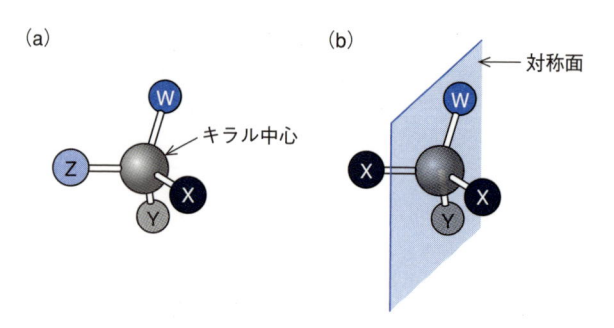

図 3・8 キラルな分子とアキラルな分子. (a) キラルな分子は対称面をもたないが,(b) アキラルな分子は対称面をもつ.

な混合物を**ラセミ体**という.

④ は間違い.エナンチオマーでない立体配置異性体のことを**ジアステレオマー**という.

⑤ は間違い.エナンチオマーは物理的・化学的性質が同じなので,一般的にこれらの分離は困難である.

そのため,エナンチオマーの一方を選択的につくる不斉合成(練習問題 3・6b 参照)やラセミ体を分離する(光学)分割などの方法が開発されている.

****
例題 3・8　R/S 表示

a)　不斉炭素(キラル中心,立体中心)の絶対配置を表す方法に **R/S 表示**がある.R/S 表示はおもに以下の三つの順位則により決められ,順位則 1,2,3 の順に優先する.下記の空欄に適当な語句を入れて,順位則を完成せよ.

1. ① に直接結合している原子の ② が大きい置換基を優先する.

2. 不斉炭素に直接結合している原子が同じときには,それに結合しているつぎの原子の ② で比較する.それでも順位が付かないときは,順位が付くまで結合している原子同士を順次比較する.

3. 置換基が ③ 結合や ④ 結合をもつときには,その原子が結合の数だけ結合しているとして比較する.

以上の方法で順位を付けて,一番順位の低い原子を紙面の奥に置く.その後, ② の大きい順にたどり,左回りの場合は ⑤ ,右回りの場合は ⑥ と表記する.

b) つぎのエナンチオマーを R/S 表示で示せ．

① 　　Br
　　　|
　CH₃—C*—H
　　　|
　　　I

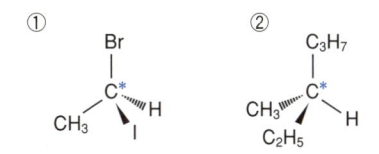

② 　　C₃H₇
　　　|
　CH₃—C*—H
　　　|
　　　C₂H₅

解答

a) ① 不斉炭素（キラル中心，立体中心），② 原子番号，③ 二重，④ 三重，⑤ *S*，⑥ *R*

R はラテン語の右を意味する *rectus*，*S* はラテン語の左を意味する *sinister* に由来する．

b) まず，四つの異なる置換基をもつ炭素（C*）に対して，順位則に従って順位を付ける．

① 順位2 Br，順位4 H，順位3 CH₃，順位1 I　*S* 配置

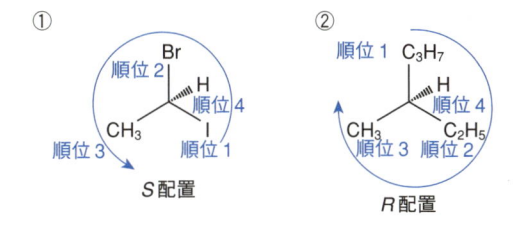

② 順位1 C₃H₇，順位4 H，順位3 CH₃，順位2 C₂H₅　*R* 配置

① 置換基の原子番号を大きい順に並べると，I, Br, C, H となる（順位則1）．順位が低い水素原子を紙面の奥に置き，順位の高いIからたどると左回りになるので，*S* 配置であることがわかる．

② 不斉炭素に付いている原子は C, C, C, H であり，H が一番低い順位であることだけが確定できる（順位則1）．C が3個あるので，つぎに結合している原子に注目する（順位則2）．すると，C₃H₇ は (C, C, H)，C₂H₅ は (C, H, H)，CH₃ は (H, H, H) となる．ここで，CH₃ がつぎに低い順位であると確定できる．同様に，C₃H₇ と C₂H₅ とを比較する．その結果，順位は C₃H₇ > C₂H₅ > CH₃ > H となる．① と同様に配置すると，図に示したように右回りになるので，*R* 配置であることがわかる．

例題 3・9　ジアステレオマー

a) 下記の分子における不斉炭素に＊を付けよ．

① $CH_3-CH_2-CHCl-CHCl-CH_3$　　② $CH_3-CHCl-CHCl-CH_3$

b) 分子 ① には 4 種類の立体配置異性体がある．下記の図の空欄に該当する分子のフィッシャー投影式を書き入れよ．

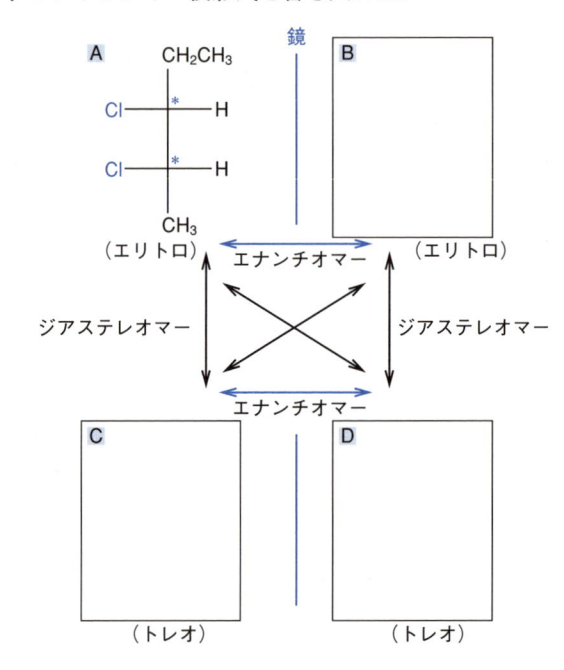

```
       A   CH₂CH₃           鏡    B
           |                      
       Cl—*—H                     
           |                      
       Cl—*—H                     
           |                      
           CH₃                    
      (エリトロ)  ←エナンチオマー→  (エリトロ)

         ↕  ╲  ╱  ↕
      ジアステレオマー  ジアステレオマー
         ↕  ╱  ╲  ↕

          C              D
              ←エナンチオマー→
       (トレオ)          (トレオ)
```

c) 分子 ② は分子 ① とは異なり，3 種類の立体配置異性体しか存在しない．その理由を説明せよ．

解答

a) 分子 ①，② には 2 個の不斉原子が存在する．

① $CH_3-CH_2-\underset{*}{C}HCl-\underset{*}{C}HCl-CH_3$　　② $CH_3-\underset{*}{C}HCl-\underset{*}{C}HCl-CH_3$

b)

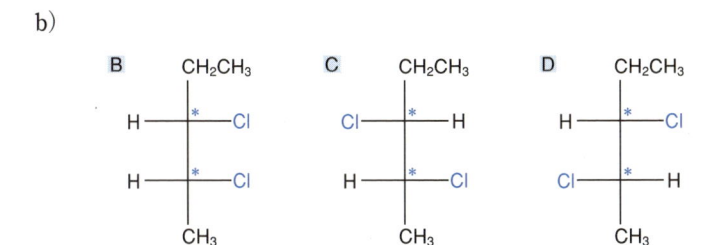

[構造式 B, C, D: それぞれ CH₂CH₃ と CH₃ を両端にもち,中央に2個の不斉炭素(*)をもつ立体配置異性体]

　分子 ① の立体配置異性体のうちで,AとB,CとDは互いにエナンチオマーの関係にある.これらのほかに,エナンチオマーの関係にないものが存在する.このような立体配置異性体を**ジアステレオマー(ジアステレオ異性体)**という.この場合,AとC,AとD,BとC,BとDは互いにジアステレオマーの関係にある.

　このように,複数個の不斉炭素をもつ分子はエナンチオマーのほかに,ジアステレオマーという立体配置異性体をもつ.

　また,同じ原子(原子団)がAとBのように分子の同じ側にある一組の異性体を**エリトロ形**といい,分子の異なる側にある一組の異性体を**トレオ形**という.

　c) 図に示すように,分子 ② のエリトロ形は対称面をもつので,上下にひっくり返すと同じ分子になる.つまり,分子 ② はアキラルとなり,エナンチオマーをもたない.このような分子を**メソ化合物**という.このため,分子 ② の立体配置異性体は3種類となる.

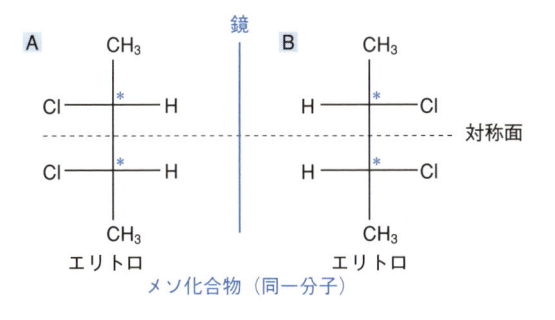

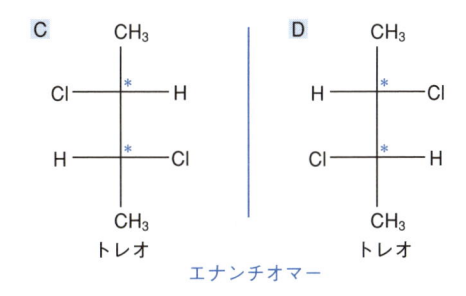

例題3・7のb)で不斉炭素を"1個だけ"と限定した理由がここにある.

[図: A(エリトロ)― B(エリトロ) メソ化合物(同一分子),対称面あり,鏡で関係; C(トレオ)― D(トレオ) エナンチオマー]

練 習 問 題

3・1
a) 分子式 $C_5H_{10}O$ をもつアルデヒドの構造異性体をすべてあげよ．
b) 分子式 C_4H_8 をもち，二重結合を有する構造異性体をすべてあげよ．
c) 分子式 C_3H_6O をもつケト-エノール互変異性体について簡単に説明せよ．

3・2
a) シクロヘキサンでは，最も安定な立体配座であるいす形からもう一つのいす形への変換，つまり環の反転が起こる．この環の反転においては，いくつかのタイプの立体配座が関与し，いくつかの経路を通って行われる．図は典型的な経路に登場する立体配座とエネルギーの関係を示したものである．図を参考にして，つぎの文の空欄に適当な語句を入れて完成せよ．

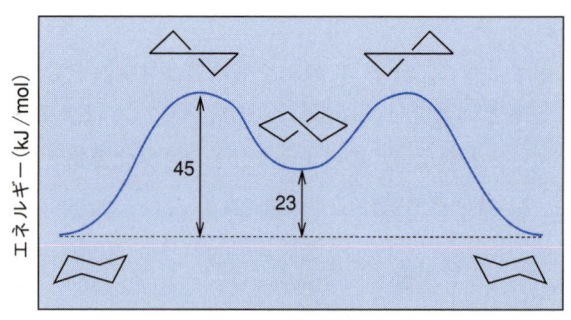

いす形配座の4個の炭素が平面上に並び，残りの炭素を面の上下にくるようにすると，　①　配座になる．この配座は山の頂上，つまり　②　状態に相当するので，高いエネルギーをもち非常に　③　な配座となる．そのため，これを　④　することはできない．

さらに，この配座は　⑤　配座に変換し，エネルギーは低下し，山と山の間に位置する　⑥　として存在する．そのため，　④　することは不可能ではないが，高いエネルギーをもつために容易ではない．

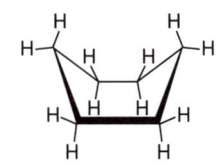

b) シクロヘキサンの舟形配座の安定性について簡単に説明せよ.

c) 下記のトランス-1,4-ジメチルシクロヘキサンの安定な立体配座を示せ.

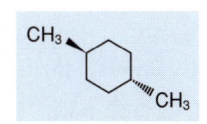

3・3

a) 3-メチルペンタンのねじれ形（アンチ形）を出発として，60°ごとに回転させた立体配座を，C_2-C_3（→で表示）を中心としたニューマン投影式で示せ.

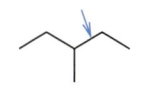

b) $CH_3-CHBr-CHCl-CHF-CH_3$ のすべての異性体をフィッシャー投影式で示せ.

3・4

a) つぎの分子を R/S 表示で示せ.

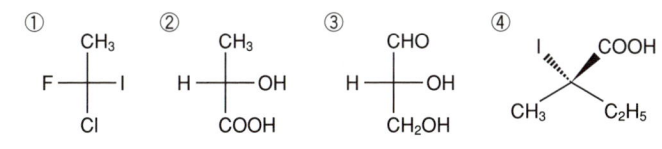

① ② ③ ④

b) つぎの分子のすべての不斉炭素に * を付け，その絶対配置を R/S 表示で示せ．また，それぞれのエナンチオマーを示せ.

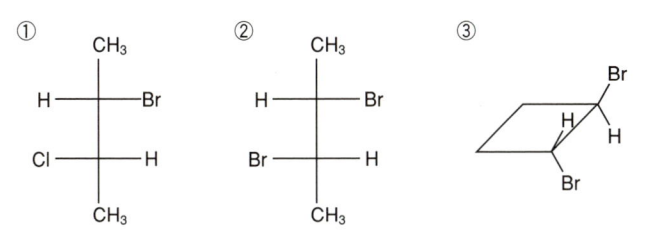

① ② ③

3・5

a) 乳酸のエナンチオマー混合物の溶液の比旋光度を測定したところ，+1.9 の値を示した．この溶液に含まれている (+)-乳酸と (−)-乳酸の割合を求めよ．比旋光度は (+)-乳酸が +3.8，(−)-乳酸が −3.8 である．

b) 上記の混合物のエナンチオマー過剰率を求めよ．

c) ラセミ体のエナンチオマー過剰率を求めよ．

3・6

a) メントールには 8 種類の立体異性体が存在する．そのうち，ペパーミントのさわやかな香りをもつ分子は，(−)-メントール **1** である．(−)-メントールの立体異性体をエナンチオマーとジアステレオマーに分け，それらを構造式で示せ．

b) (−)-メントールのみを工業的規模で合成する方法について簡単に説明せよ．

4 有機分子の構造解析

　有機分子の構造決定には，各種スペクトルの測定が不可欠である．原子や分子に電磁波を照射すると，そのエネルギーを原子や分子が吸収する．この吸収されたエネルギーが**スペクトル**として表示される．このスペクトルから原子や分子についての情報が得られる．

　現在，有機分子の構造決定に最も頻繁に利用され，強力な武器となっているのが，核磁気共鳴スペクトル（NMRスペクトル）である．そのほかの有用なスペクトルとして，マススペクトル，赤外吸収スペクトル，紫外可視吸収スペクトルなどがある．

　電磁波の種類を下図に示した．赤外吸収スペクトルには赤外線，紫外可視吸収スペクトルには紫外線・可視光線，NMRスペクトルにはラジオ波が用いられる．

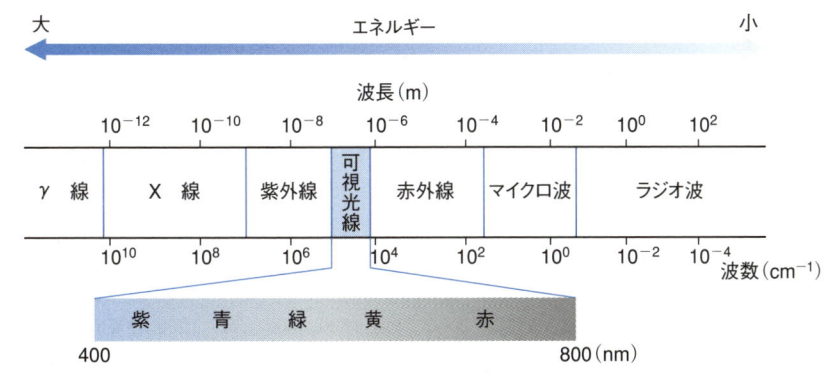

　有機分子の構造に関する情報は各種スペクトルによって異なり，それぞれの特徴をもっている．

① **紫外可視吸収スペクトル**の例を下図に示した．縦軸は吸光度，つまり光吸収の度合いを，横軸は波長を表したものである．吸収曲線は多くの場合，吸収極大波長をもつ単純な曲線になる．

紫外可視吸収スペクトルからは，共役系の構造などに関する情報が得られる．

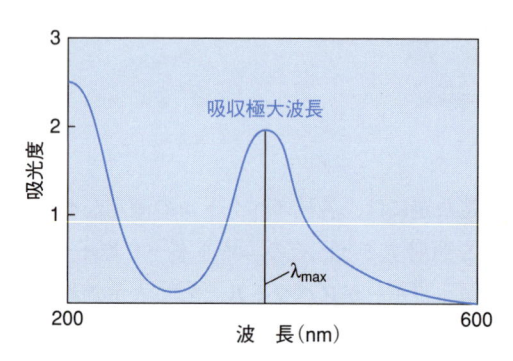

② **赤外吸収スペクトル**の例を下図に示した．横軸は波数，縦軸は透過率を表す．透過率は上にいくほど大きくなり，下にいくほど小さくなる．これは，赤外線吸収の強度が下にいくほど大きいことを示している．

赤外吸収スペクトルからは有機分子がもつ官能基の種類に関する情報が得られる．

透過率は測定によってどの程度の割合で赤外線が吸収されたかを示すものである．吸収がまったく起こらなければ，すべての赤外線は透過したことになるので，透過率は100%になる．逆に，すべての赤外線が吸収されれば，透過率は0%になる．図では，波数 1666 cm^{-1} のところに最も強いピークが見られる．

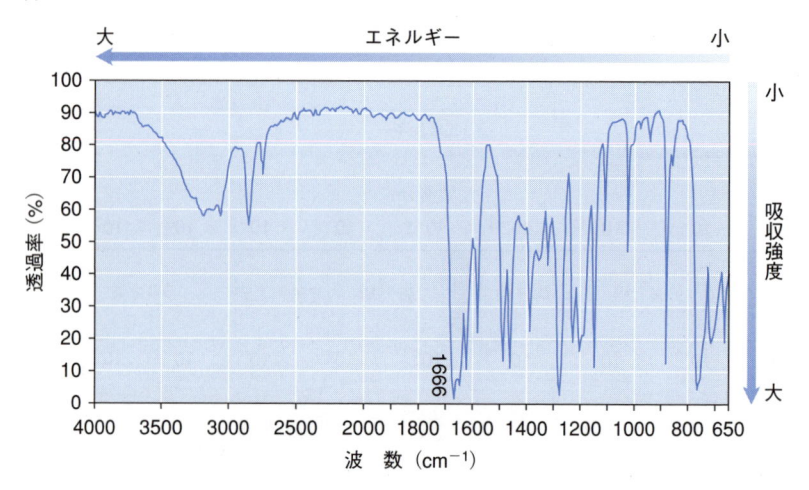

③ **NMRスペクトル（核磁気共鳴スペクトル）**の例を図に示した．横軸は化学シフト，縦軸はシグナルの強度を示す．

プロトン（^{1}H）NMR スペクトルからは有機分子中のプロトンの種類に関する情報が得られる．たとえば，図に示したように，CH_3, CH_2, COOH のプロトンではそれぞれ化学シフトの値が異なる．つまり，化学シフトの値からプロトンの種類を決定することができる．

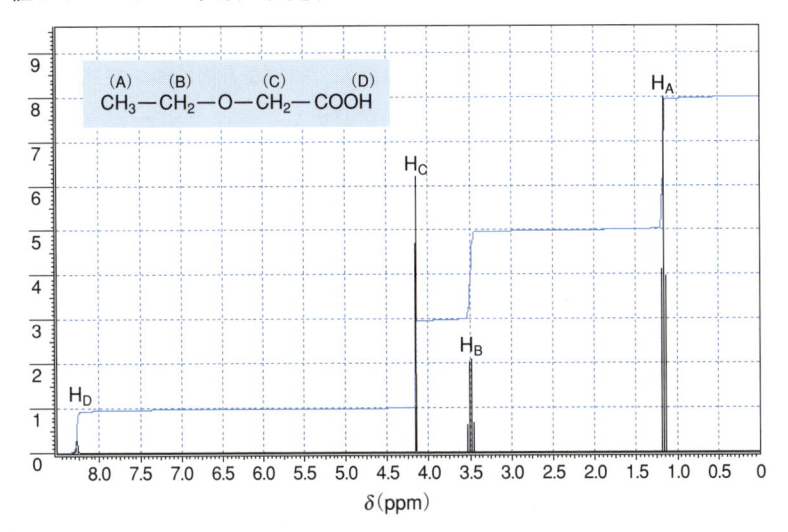

NMR ではシグナルが1本の線からなる一重線のほかに，複数の線に分裂したシグナルも見られる．2本の線からなるものを二重線，3本の線からなるものを三重線，…多くの線からなるものを多重線という．このようなシグナルの本数からも有機分子の構造についての重要な情報が得られる．

^{1}H NMR のほかに，^{13}C NMR や二次元 NMR なども頻繁に利用されている．これらについては練習問題で取上げる．

④ **マススペクトル**の例を下図に示す．マススペクトルは試料分子をイオン化することで得られたイオンをその質量によって分離し，イオンの量をスペクトルとして測定したものである．横軸は質量 m をイオンの電荷 z で割った値で，縦軸はイオンの量（個数の相対値）を表す．

マススペクトルから分子の精密な質量を決定することができる．

イオンの最も多いピークを100％として表した相対的な値．

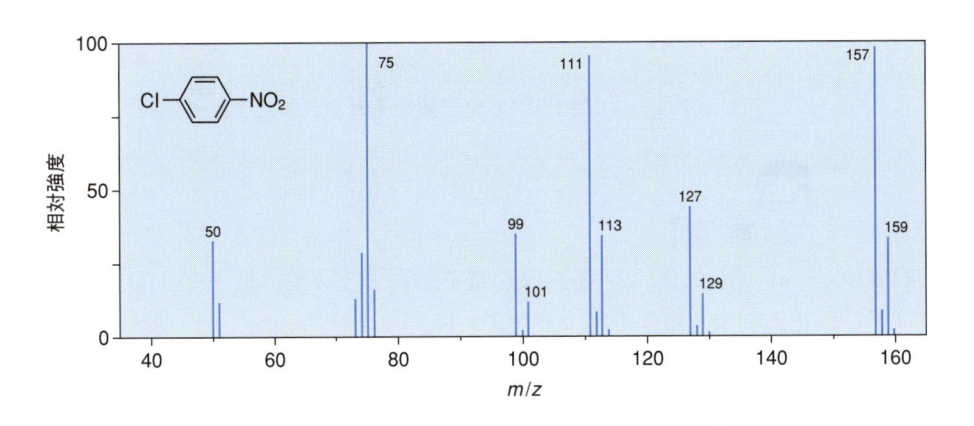

例題 4・1 マススペクトル

マススペクトル（質量スペクトル）では，試料分子をイオン化することで得られた種々のイオン（特にカチオン）がそれぞれの質量に相当したピークとなって現れる．

a) つぎの文はイオン化するための最も一般的な方法について述べたものである．空欄に適当な語句を入れて完成せよ．

① 状の試料分子 M に高エネルギーの ② を衝突させてイオン化する．このとき，試料分子は ③ を失って ④ カチオン，つまり ⑤ イオン $[M]^{+\cdot}$ になる．そして，この方法では試料分子が ⑥ エネルギーより大きなエネルギーを受取るので，この余分なエネルギーによって試料分子を構成する ⑦ が切断される．その結果，さらに $[M]^{+\cdot}$ は分解してさらに小さな ⑧ イオンになる．

b) メタノールのマススペクトルを下記に示した．ピーク①〜④のうち，基準ピークおよび分子イオンピークはどれか．

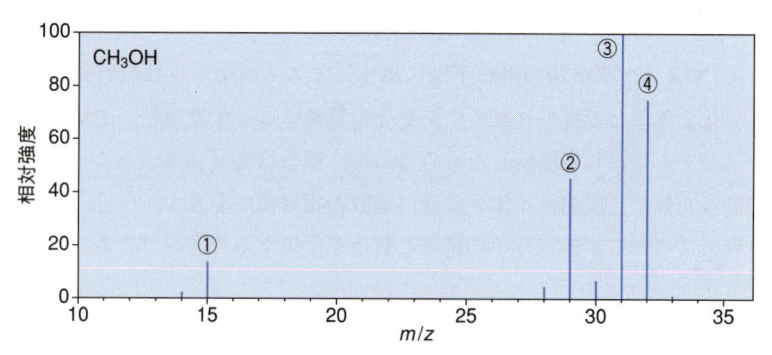

c) ピーク①〜④に相当する化学種をそれぞれ答えよ．

解答

分子 M から 1 個の電子が取れてできた分子イオン $M^{+\cdot}$ を**ラジカルカチオン**という．

a) ① 気体，② 電子，③ 電子，④ ラジカル，⑤ 分子，⑥ イオン化，⑦ 共有結合，⑧ フラグメント

このように，試料分子に高エネルギーの電子を衝突させてイオン化する方法を**電子イオン化法**という．電子イオン化法によるイオンの生成を図

4・1に示す.

4. 有機分子の構造解析 65

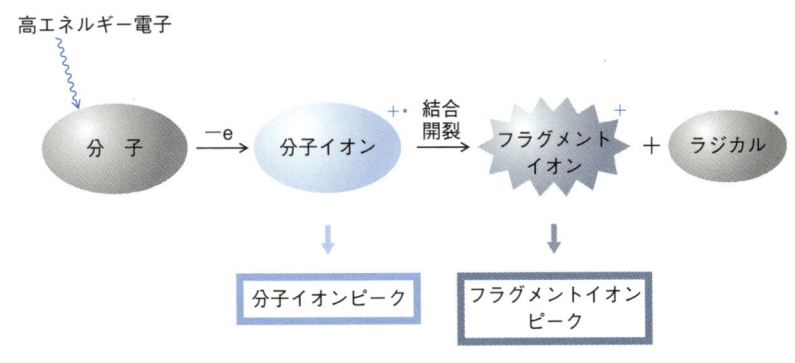

図 4・1 電子イオン化法によるイオンの生成

電子イオン化法では,電子のもつエネルギーが大きいために,試料分子によってはそのほとんどが分解するので,分子イオンによるピークが観測できない場合もある.このため,化学イオン化や高速原子衝撃イオン化などのソフトにイオン化する方法も開発されている.

b) 基準ピークは③に,分子イオンピークは④に相当する.

イオンの量が最も多いピークが**基準ピーク**であり,測定試料の分子量(ここでは,メタノール CH_3OH の分子量 32,m/z 32)に相当するピークが**分子イオンピーク**である.分子イオンピークは通常,同位体ピーク(例題 4・2 参照)を除いて最も大きな質量のピークに相当する.

c) ① CH_3^+,② CHO^+,③ CH_2OH^+,④ $CH_3OH^{+\cdot}$

④はメタノール CH_3OH から1個の電子が取れてできた分子イオン $CH_3OH^{+\cdot}$ に相当する.

この場合は,基準ピークと分子イオンピークは異なった質量のところに現れているが,分子イオンピークが基準ピークになる場合もある(図 4・2 参照).

★★★

例題 4・2 同位体ピーク

マススペクトルでは分子イオンピークの右隣に,**同位体ピーク**とよばれるピークが見られることがある.これは,分子イオンが質量数の異なる同位体を含むために現れたピークである.

a) 表に示した水素と炭素の同位体存在度の情報をもとにして,メタンの分子イオンピークおよび同位体ピークをつぎのスペクトル図に書き入れよ.

元素	同位体	同位体存在度 (原子百分率)
水素	^1H	99.9885
	^2H	0.0115
炭素	^{12}C	98.93
	^{13}C	1.07

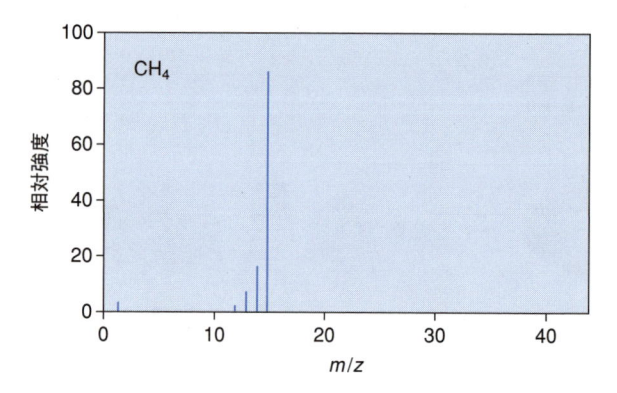

b) 下図 ①〜⑤ の中から，分子中に1個の塩素原子を含む場合の分子イオンピークと同位体ピーク，および分子中に1個の臭素原子を含む場合の分子イオンピークと同位体ピークの関係を表したものをそれぞれ選べ．

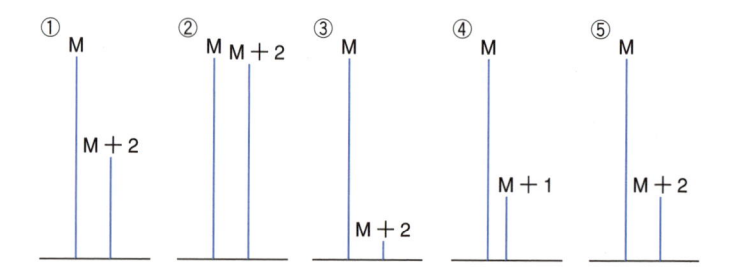

解答

a) メタンの分子イオンピークと同位体ピークは図4・2のようになる．上表に示したように，^2H，^{13}C の存在度は非常に小さいので，これらを含む分子の同位体ピークは小さいか，あるいは無視できる．メタンでは最も存在量の多い同位体で構成される $^{12}C^1H_4$ (m/z 16) が分子イオンピーク $[M]^+$ として現れる．同位体ピークとしては，$^{13}C^1H_4$ (m/z 17) が $[M+1]^+$ ピークとして，$^{13}C^2H_1{}^1H_3$ (m/z 18) が $[M+2]^+$ ピークとして現れる．表4・1に示したように，これらの同位体ピークは分子イオンピークに比べて，非常に小さくなる．

b) 分子中に塩素原子1個を含む場合は ⑤，分子中に臭素原子1個を含む場合は ② になる．

4. 有機分子の構造解析

表 4・1 メタンの同位体ピーク

	m/z	ピーク	相対強度
$^{12}C^{1}H_4$	16	M	100
$^{13}C^{1}H_4$	17	M+1	1.14
$^{13}C^{2}H_1{}^{1}H_3$	18	M+2	無視できる

メタンの場合は分子イオンピークが基準ピークなっている.

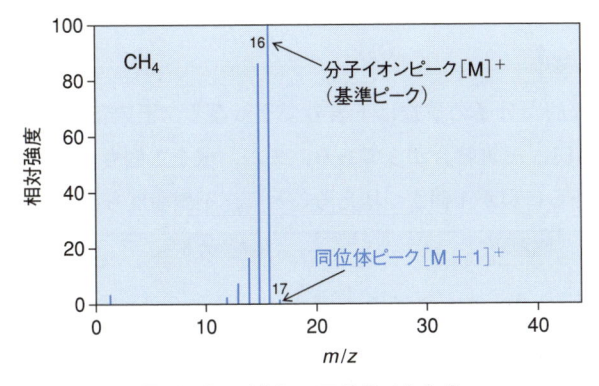

図 4・2 メタンのマススペクトル

元素	同位体	同位体存在度 (原子百分率)
塩素	^{35}Cl	75.76
	^{37}Cl	24.24
臭素	^{79}Br	50.69
	^{81}Br	49.31

　表に示したように塩素原子には ^{35}Cl と ^{37}Cl の同位体がある.これらの存在度はそれぞれ 75.76% と 24.24% であり,その比は約 3:1 である.このため,$[M]^+$ ピークと $[M+2]^+$ ピークはほぼ 3:1 の強度を示す.

　臭素原子では ^{79}Br と ^{81}Br の同位体が約 1:1 の割合で存在する.よって,$[M]^+$ ピークと $[M+2]^+$ ピークはほぼ 1:1 の強度を示す.

このような特徴のある同位体ピークを観測したならば,分子中に 1 個の塩素あるいは臭素が存在すると考えてよい.分子中に複数個の塩素あるいは臭素を含む場合には,さらに複雑なパターンを示す.

例題 4・3　不飽和度

　分子式には構造を決定するための有用な情報が含まれている.分子中に存在するπ結合の数と環の数がわかれば,分子の構造がある程度予測できる.これらの数を合計したものが**不飽和度**である.

$$\text{不飽和度} = \pi\text{結合の数} + \text{環の数}$$

不飽和度は**不足水素指標**ともいう.

a)　炭素 6 個からなる炭化水素のうち,不飽和度が 0, 1, 2 である代表的な構造を骨格構造式で示せ.

b)　一般に炭素,水素,ハロゲン,窒素,酸素,硫黄からなる分子の不飽和度は下式で示される.

$$\text{不飽和度} = n_C - \left(\frac{n_H}{2}\right) - \left(\frac{n_X}{2}\right) + \left(\frac{n_N}{2}\right) + 1$$

ここで,n_C は炭素,n_H は水素,n_X はハロゲン,n_N は窒素の数である.

酸素と硫黄については式に含まれないことに注意せよ.

　分子式 C_7H_5ClO の不飽和度を求め,考えられる分子の構造式を一つあげよ.

a) 代表的な分子の構造は下表のようになる．不飽和度は単結合が0，二重結合が1，三重結合が2である．また，環を1個もてば不飽和度は1であり，さらに環が1個ずつ増えるごとに，不飽和度も1ずつ増える．

分子式	不飽和度	代表的な構造
C_6H_{14}	0	
C_6H_{12}	1	
C_6H_{10}	2	

b) 分子式 C_7H_5ClO の不飽和度は $7-(5/2)-(1/2)+1=5$ となる．たとえば，二重結合4個，環1個をもつ塩化ベンゾイルなどが考えられる．

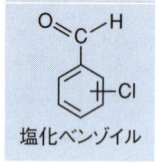

塩化ベンゾイル

****

例題 4・4 炭化水素の分子式の決定

a) 炭化水素 C_XH_Y 150 mg を十分な量の酸素中で燃焼したところ，440 mg の二酸化炭素と 198 mg の水が生成した．この試料中に含まれる炭素と水素の質量を求めよ．

b) この炭化水素に含まれる炭素と水素の個数の比を求めよ．

c) この炭化水素のマススペクトルを測定したところ，分子イオンピークは m/z 142 であった．この結果をもとに，炭化水素の分子式を決定せよ．

a) 分子量 44 の CO_2 中で炭素の占める割合は 12/44 であり，分子量 18 の H_2O 中で水素の占める割合は 2/18 である．よって，炭化水素中に含まれる炭素および水素の質量は以下のようになる．

$$C: 440 \times \frac{C}{CO_2} = 440 \times \frac{12}{44} = 120 \text{ (mg)}$$

$$C : 198 \times \frac{H_2}{H_2O} = 198 \times \frac{2}{18} = 22 \text{ (mg)}$$

b)　a) で求めた炭素と水素の質量をそれぞれの原子量で割ると，炭素と水素の個数比がわかる．つまり，炭素の個数は 120/12＝10，水素の個数は 22/1＝22 となり，C：H＝5：11 となる．

c)　b) の結果より，炭化水素の実験式は $(C_5H_{11})_n$ となり．マススペクトルから分子量は 142 であるとわかっているので，$(C_5H_{11})_n=142$ が成り立つ．したがって $n=2$ となり，炭化水素の分子式は $(C_5H_{11})_2$，すなわち $C_{10}H_{22}$ と決定できる．

✳✳

例題 4・5　紫外可視吸収スペクトル

つぎの文は紫外可視吸収スペクトル（UV–VIS スペクトル）について述べたものである．間違っているものをあげよ．

① UV–VIS スペクトルは分子が紫外線，可視光線をどのように吸収するかを測定したスペクトルである．

② UV–VIS スペクトルは分子中の電子が光エネルギーを吸収して，ある軌道から別の軌道への移動，つまり電子遷移に基づくスペクトルである．

③ UV–VIS スペクトルから分子の振動エネルギーに関する情報を得ることができる．

④ UV–VIS スペクトルから分子中に存在する官能基の種類に関する情報を得ることができる．

⑤ UV–VIS スペクトルから共役二重結合の有無とその長さに関する情報を得ることができる．

⑥ UV–VIS スペクトルから精密な分子量に関する情報を得ることができる．

解　答　間違っているものは ③，④，⑥ である．

② 分子は各種のエネルギーをもっており，そのエネルギー準位は図

4・3のようになる．紫外線や可視光線のもつエネルギーは電子エネルギー準位間のエネルギー差に相当する．したがって，UV-VIS スペクトルはエネルギー準位間の電子遷移に基づくスペクトルである．

③ 図4・3からわかるように，振動エネルギー準位のエネルギー差は電子エネルギー準位よりも小さく，これは赤外線のもつエネルギーに相当する．よって，分子の振動エネルギーの情報は赤外スペクトルによって得られる．

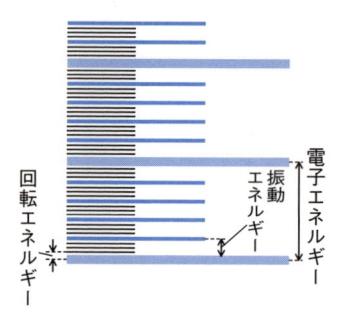

図 4・3 エネルギー準位間のエネルギー差の模式図

電磁波の波長が短いほど，エネルギーは大きくなる．
波長
　赤外線＞可視光線＞紫外線
エネルギー
　紫外線＞可視光線＞赤外線

官能基の種類の同定には，IR スペクトルが役に立つ．

④ 分子中に存在する原子団が特定の波長の光を吸収することで電子遷移が起こる．このような原子団は分子に色をもたらすため，"発色団"という．発色団となる官能基の多くは1個またはそれ以上の多重結合，芳香環をもつ．しかし，これらの吸収は広い範囲にわたり，ピークが重なるので，UV-VIS スペクトルからは特定の官能基の存在を証明することは困難である．

⑤ 共役系の分子軌道はそれを構成する炭素原子の個数と同じだけ存在し，そのエネルギーは限られた範囲に存在する．つまり，二重結合の個数が多い（共役系が長い）ほど，分子軌道のエネルギー間隔は小さくなる．

したがって，共役系が長いほど電子遷移のエネルギーは小さくなるので，吸収極大波長が長波長側（低エネルギー）に移動する．このことに基づいて，UV-VIS スペクトルから共役系の有無や長さの情報を得ることができる．

⑥ 分子量の決定には，マススペクトルが用いられる．高分解質量分析法を用いれば，分子量を精密に測定することができる．

例題4・5の③で見たように，赤外線は分子の振動・回転エネルギーに相当するエネルギーをもつ．分子中に存在する官能基もそれぞれに特徴的な振動をしているので，IR スペクトルを利用すれば官能基の種類を推定することができる．

例題4・6 赤外吸収スペクトル

赤外（IR）吸収スペクトルでは，特定の官能基に基づく特徴的な吸収が現れる．このような吸収を**特性吸収**といい，特性吸収から分子のもつ官能基の種類を推定することができる．

a）つぎはある分子の IR スペクトルである．①〜③のピークに該当すると予想される官能基をあげよ．

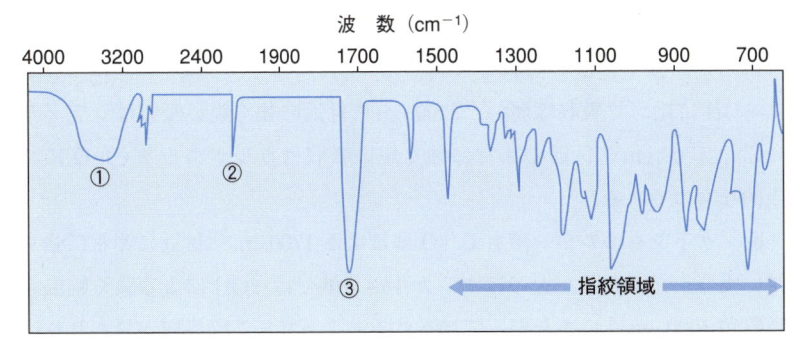

1500 cm⁻¹ より低波数側には，C—C, C—N, C—O などの単結合の伸縮振動や変角振動に基づく多くの吸収が重なり，非常に複雑である．しかし，その吸収パターンは化合物に固有のものであるために，化合物を同定する"指紋"の役割を果たす．そのため，この領域は**指紋領域**とよばれる．

b) IR スペクトルにおいて，どのような吸収を見ればカルボン酸とケトンを区別できるか，簡単に答えよ．

c) アルコールやカルボン酸などにおいて分子間に水素結合が形成している場合，吸収が低波数側に移動する．この理由を簡単に述べよ．

解 答

a) ① ヒドロキシ基 —OH，② シアノ基 —CN，③ カルボニル基 C=O の存在が予想される．図 4・4 は特性吸収と官能基の関係を示した．

C—C—H		アルカン C—H			
C=C—H		アルケン,芳香族 =C—H		アルケン C=C	ベンゼン環 C⋯C
C≡C—H	アルキン ≡C—H		アルキン C≡C		
—OH >C=O	遊離 / 分子間水素結合 アルコール OH	分子間水素結合 カルボン酸 OH		カルボニル C=O	
—NH —C≡N —C=N	アミン NH		シアノ C≡N	イミン C=N	

図 4・4 **いくつかの重要な特性吸収の位置**．すべて伸縮振動によるもの．

カルボニル基の吸収はIRスペクトルで最も目立つ吸収となっている．

3400 cm^{-1}付近の吸収はアルコール−OHあるいはアミン−NHが考えられるが，強く幅広い吸収をもつのは−OHのほうである．一方，−NHは−OHに比べて吸収は弱い．2200 cm^{-1}付近の強く鋭い吸収はシアノ基−CN，1700 cm^{-1}付近の非常に強く鋭い吸収はカルボニル基C＝Oに特徴的なものである．

b) ケトンもカルボン酸もC＝O基による1700 cm^{-1}付近に非常に強く鋭い吸収が見られる．そのほか，カルボン酸では−OHによる強く幅広い吸収が3000 cm^{-1}にまたがって見られる．よって，この吸収が見られればカルボン酸であり，見られなければケトンであると予想できる．

参考として，図4・5に酢酸CH$_3$COOHとアセトンCH$_3$COCH$_3$のIRスペクトルを示す．

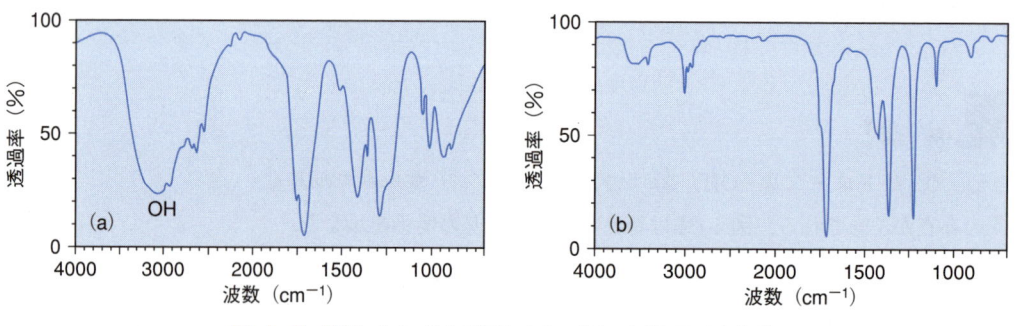

図4・5 酢酸（a）およびアセトン（b）のIRスペクトル

c) ヒドロキシ基の水素原子が，相手の分子の電気陰性度の高い酸素原子に引き寄せられ，O−H結合が伸びて弱くなる．結合が弱ければ振動させるためのエネルギーは小さくてすむので，吸収波長は低波数（長波長）側に移動する．

例題4・7　NMRスペクトルの特徴

つぎの文はNMRスペクトルについて述べたものである．間違っているものをあげよ．

① NMRスペクトルは原子核と磁場の相互作用を観測したものである．

② NMRスペクトルはすべての種類の原子核について観測できる．

③ ¹H NMR スペクトルの化学シフトから，プロトンの電子的な環境がわかる．

④ ¹H NMR スペクトルのシグナルの面積から，プロトン数の相対値がわかる．

⑤ ¹H NMR スペクトルでは，あるプロトンのシグナルが何本に分裂しているかによって，そのプロトンの隣にあるプロトンの個数がわかる．

⑥ ¹H NMR の結合定数から，プロトンの立体的な関係がわかる．

解答 間違っているものは ② である．

① NMR スペクトルは磁場中に置かれた原子核に特定の周波数領域の電磁波（ラジオ波）を吸収させて，原子核と磁場との相互作用を観測したものである．NMR 装置では，試料管の入った筒状の容器が磁場を発生するための超伝導磁石にはさまれている．

② NMR 測定によって観測できるのは，磁気的性質（核スピン）をもつ原子核に限られる．このような原子核は奇数個の陽子あるいは中性子をもつものに限られる．一方，¹²C や ¹⁶O などの陽子も中性子も偶数個のものは，磁気的性質を示さないので，NMR 測定によって観測できない．

③ 化学シフト（ケミカルシフト）は，プロトンの周囲に存在する電子密度の違いによる吸収位置の違い（ずれ）を数値で表したものである．たとえば，アルカン，芳香族，ケトンなどでは，プロトンの周囲の電子密度に違いがあるために，それぞれ異なる化学シフト値を示す．このような化学シフトの違いは小さく，1～10 ppm 程度にすぎない．これが NMR スペクトルの横軸に相当し，化学シフトの単位は ppm で表せられる．このように，化学シフト値から，プロトンの種類を知ることができる（図4・8参照）．

図4・6 は電子密度と化学シフトの関係を示したものである．

④ 各シグナルの面積（強度）を積分すると，NMR スペクトル中に階段状の曲線を描くことができる．この曲線の段差（高さ）が各シグナルの面積に相当する．よって，この段差の高さの比から，それぞれのシグナルに相当するプロトンの数を求めることができる（本章冒頭の解説図参照）．

容器や超伝導磁石は液体ヘリウムで満たされた断熱容器に格納され，さらに外側は液体窒素で満たされた断熱容器に囲まれている．

奇数個の陽子をもつ原子核：¹H, ²H, ¹⁵N, ¹⁹F, ³¹P など．奇数個の中性子をもつ原子核：¹³C, ¹⁷O など．

現在では，自動的に積分したシグナルの強度を数値として表示できるようになっている．

4. 有機分子の構造解析

電子密度の違いによって，プロトンの感じる実際の磁場強度は異なるため，電磁波の共鳴周波数も変化する．NMRスペクトルでは図4・6に示したように，電子密度の高い（遮へいが大きい）プロトンの吸収がスペクトルの右側（低周波数，高磁場）に，電子密度の低い（遮へいが小さい）プロトンの吸収はスペクトルの左側（高周波数，低磁場）に現れる．

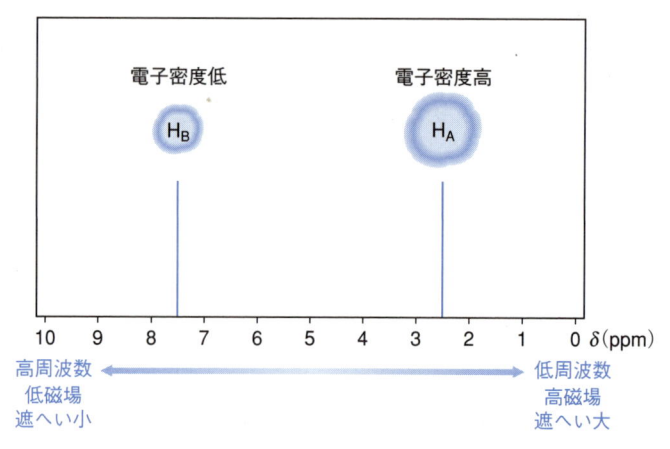

図 4・6　電子密度と化学シフト

⑤ 一般にプロトン H_A のシグナルは，隣に n 個の等価なプロトンがある場合に，$(n+1)$ 本のピークに分裂することがわかっている．ただし，この規則を当てはめることができるのは，隣にあるプロトン同士の環境が著しく異なるとき，つまり化学シフトに大きな差があるときだけである．

シグナルの分裂はスピン–スピン結合により生じたものである．スピン–スピン結合とは，原子核のスピンが化学結合を通じて相互作用することをいう．詳しくは，「有機スペクトル解析（わかる有機化学シリーズ3)」などを参照されたい．

⑥ 分裂したシグナルの間隔のことを**結合定数**という．結合定数 J の単位は Hz（ヘルツ）であり，シグナルの間隔，つまり結合定数はいずれも等しい．

たとえば，図4・7に示したように，結合定数からシクロヘキサンのプロトン同士の立体的な配置を知ることができる．

そのほか結合定数から得られる情報として，アルケンのシス–トランスやベンゼン環のオルト，メタ，パラの位置関係についてなどがある．

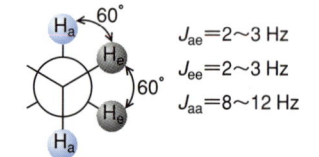

$J_{ae}=2\sim 3$ Hz
$J_{ee}=2\sim 3$ Hz
$J_{aa}=8\sim 12$ Hz

図 4・7　シクロヘキサンのプロトン間の結合定数

****

例題 4・8　NMR スペクトルの実際

a)　つぎの図はプロピオンアルデヒドの ^1H NMR スペクトルである．

シグナル①〜③はどのプロトンに該当するか.

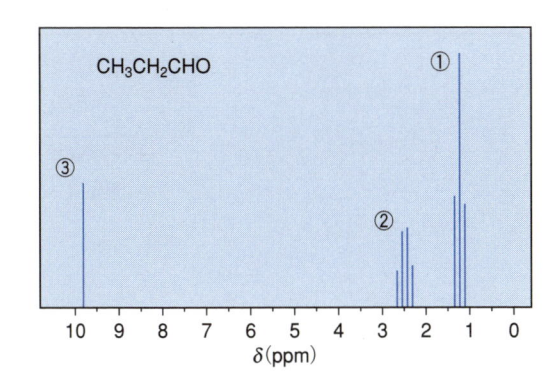

CH₃CH₂CHO

b) 下記の2-ブタノンの¹H NMRスペクトルを測定したところ，3種類のシグナル①〜③が観測された．

$$CH_3-CH_2-\underset{\underset{(B)}{}}{\overset{\overset{O}{\|}}{C}}-CH_3$$
(A)　(C)　　　(B)

各シグナルの化学シフト値は，① 1.1 ppm, ② 2.1 ppm, ③ 2.4 ppm であった．これらのシグナル①〜③は何本に分裂しているか．ただし，シグナルに分裂がない場合も考えられる．

解　答!

a) ①：CH₃, ②：CH₂, ③：CHO.

図4・8は化学シフトとプロトンの種類の関係を示したものである．アルデヒドCHOのプロトンはあらゆるプロトンのうちでも，最も左側に見られる．また，飽和炭素原子に結合したアルカンのプロトンではメチル基 –CH₃ が一番右側に見られ，メチレン基CH₂はそれよりも左側に見られ，メチン基CHはさらに左側に移動する．

b) ①：3本, ②：1本, ③：4本

まず，各シグナルがどのプロトンに該当するかを見てみよう．通常，CH₂はCH₃よりも左側に現れるので，シグナル③はCH₂と考えられる．

残りは，CH₃ (A) と CH₃ (B) である．CH₃ (B) はC=Oに結合して

カルボン酸COOHのプロトンは一般にはアルデヒドCHOのプロトンよりさらに左側にシグナルが現れるが，カルボン酸のプロトンは解離しやすいので，本来の位置にシグナルを観測するのは難しく，しかも明瞭でないことが多い．ただし，水素結合の形成などによってプロトンの解離が抑制された場合などは明瞭なシグナルを観測できるようになる．

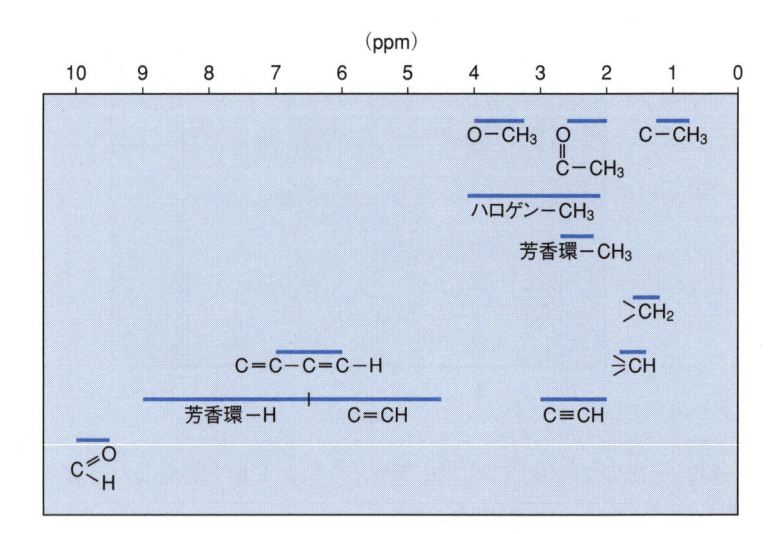

図 4・8 化学シフトとプロトンのタイプ

おり，アルキル基がハロゲンや酸素などの電気陰性度の大きい原子や不飽和基に結合した場合は，さらに左側にシグナルが移動することがわかっている．よって，シグナル②がCH$_3$(B)に，シグナル①がCH$_3$(A)に該当すると考えられる．

ここまでを整理すると，①:CH$_3$(A)，②:CH$_3$(B)，③:CH$_2$(C) となる．

これらをもとにすると，CH$_3$(A)の隣にはCH$_2$があるので，($n+1$) 規則（例題4・7の解答⑤参照）から，3本（$n=2$）にシグナルが分裂すると予想される．同様にして，CH$_3$(B)の隣にはプロトンはないので1本，CH$_2$(C)の隣にはCH$_3$があるので4本（$n=3$）になると予想される．図4・9には2-ブタノンの^{1}H NMRスペクトルを示した．これで，これらの予想が正しいことが確認された．

****
例題4・9 化学シフトに影響を与える要因

a) 4種類のハロゲン化メチル CH$_3$X (X=F, Cl, Br, I) のうち，最も左側（高周波数，低磁場）にシグナルが観測されるものはどれか．また，その理由を簡単に説明せよ．

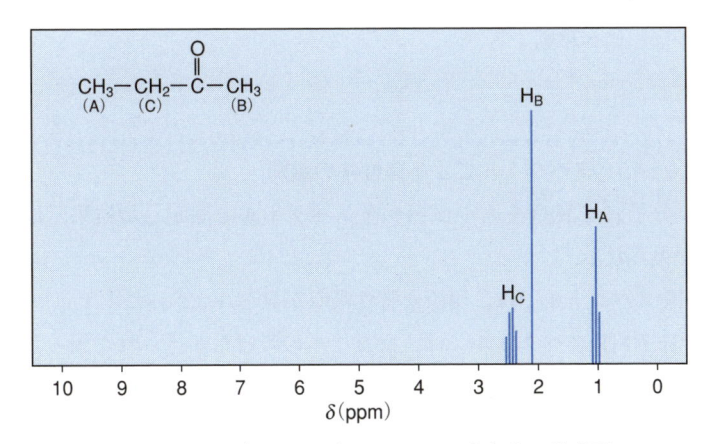

図 4・9 2-ブタノンの ^{1}H NMR スペクトルの模式図

b) 下記のアクリルアルデヒドのプロトン ① とブテンのプロトン ② では，どちらのプロトンのシグナルが右側（低周波数，高磁場）に観測されるか．また，その理由を簡単に説明せよ．

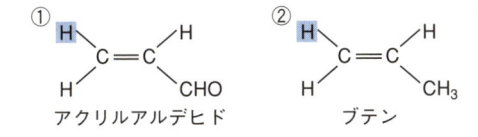

① アクリルアルデヒド
② ブテン

解 答

a) 最も左側に観測されるものは CH_3F である．

理由：電気陰性度の大きい原子などが結合すると，炭化水素部分の電子を引き寄せるので，プロトンの電子密度は低くなる．そのため，シグナルは左側に移動するが，ハロゲン原子のなかで F の電気陰性度が最も大きいために，最も左側に移動する（表4・2）．

b) ブテンのプロトン②（5.0 ppm）のほうがアクリルアルデヒドのプロトン①（6.5 ppm）よりも右側に観測される．

理由：アクリルアルデヒドでは C=O 基の分極によって生じた炭素の正電荷が電子を引きつけるために，CH_2 の炭素の π 電子が二重結合を通じて移動する（例題2・8 c）の解答参照）．そのため，電子密度が低下し，シ

表 4・2 ハロゲン化アルキルのプロトンの化学シフト

分子式	δ(ppm)
CH_3F	4.1
CH_3Cl	3.1
CH_3Br	2.7
CH_3I	2.2

このような効果を誘起効果といい，すでに 2 章でふれた．

このような効果を共鳴効果といい，すでに 2 章でふれた．

グナルは左側へ移動する．

****
例題 4・10　スペクトルによる異性体の識別

　a)　分子式 C_2H_6O をもつ試料の各スペクトルを測定した結果，以下の情報が得られた．

　① IRスペクトルでは，明瞭な特性吸収が見られなかった．

　② ^1H NMRスペクトルでは，ただ1本の吸収しか見られなかった．以上の結果をもとに，試料の構造を決定せよ．

　b)　分子式 C_3H_6 をもつ2種類の異性体を識別するために，どのようなスペクトルがよいか．また，そのスペクトルからはどのような結果が予想されるかを簡単に述べよ．

解答！

　a)　まず，分子式より可能な構造はジメチルエーテル CH_3OCH_3 とエタノール CH_3CH_2OH の2種類存在する．

　① のIRスペクトルからは官能基をもたない，② の ^1H NMRスペクトルからは1種類のプロトンしかもたないことがわかる．よって，ジメチルエーテル CH_3OCH_3 であると決定できる．

プロペン　　シクロプロパン

　b)　まず，分子式より可能な構造はプロペンとシクロプロパンの2種類存在する．

UVスペクトルと ^1H NMRスペクトルを用いればよく，以下のような

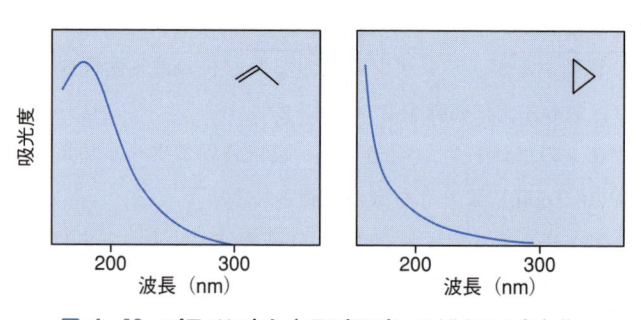

図 4・10　プロペンとシクロプロパンのUVスペクトル

結果が得られる．UV スペクトルからは二重結合の有無がわかる．二重結合をもつプロペンでは吸収極大が観測されるが，二重結合をもたないシクロプロパンでは観測されない（図 4・10）．

^{1}H NMR スペクトルからは何種類のプロトンが存在するのかがわかる．プロペンでは 3 種類のプロトンが存在するので，3 種類のシグナルが現れると予想される．一方，シクロプロパンではプロトンは 1 種類しかないので，1 本のシグナルのみが現れるはずである．

練習問題

4・1

各種スペクトルを測定したところ，つぎの結果を得た．これらの結果から分子の構造についてどのようなことが予想されるかを答えよ．

① マススペクトルでは m/z 15 にピークが見られた．
② マススペクトルでは規則的な間隔をもつピーク群が観察され，これらのピークの間隔はすべて 14 であった．
③ マススペクトルでは [M]$^+$ ピークのほぼ 3 分の 1 の強度をもつ [M+2]$^+$ ピークおよび，同様のピーク群がいくつか見られた．
④ IR スペクトルでは 3000 cm^{-1} にまたがる強く幅広い吸収と 1700 cm^{-1} 付近に非常に強く鋭い吸収が見られた．
⑤ IR スペクトルでは 2200 cm^{-1} 付近に細く鋭い吸収が見られた．
⑥ ^{1}H NMR スペクトルでは 3H 分の二重線が見られた．
⑦ ^{1}H NMR スペクトルでは 10 ppm 付近に明瞭な吸収が見られた．
⑧ ^{1}H NMR スペクトルでは 1 ppm よりも右側（低周波数，高磁場）に吸収が見られた．

4・2

a) 炭素，水素，酸素よりなる試料 106 mg を完全に燃焼させたところ，二酸化炭素 308 mg，水 54 mg が得られた．この試料の実験式を求めよ．

b) この試料の各種スペクトルを測定したところ，以下のような結果を得た．これらの結果をもとにして，試料の構造を決定せよ．
① マススペクトルでは，m/z 106 に分子イオンピークが見られ，m/z 77 にも強いピークがあった．
② IR スペクトルでは，1700 cm^{-1} 付近に非常に強く鋭い吸収が見られた．
③ ^{1}H NMR スペクトルでは，7 ppm より右側（低周波数，高磁場）には吸収が見られなかった．

4・3

分子式 C_4H_7NO をもつ試料の各スペクトルを測定した．

IR スペクトルでは 2200 cm^{-1} 付近に細く鋭い吸収と 3400 cm^{-1} 付近に強く幅広い吸収が見られた．また，下図のような ^{1}H NMR スペクトルが得られた．

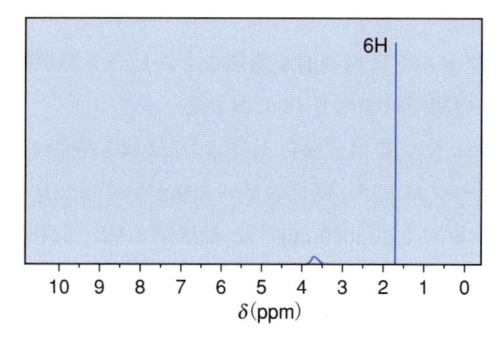

a) IR スペクトルから，どのような官能基の存在が予想できるかをいえ．
b) ^{1}H NMR からメチル基が何個あることがわかるか．
c) この試料の構造を決定せよ．

4・4

分子式 $C_4H_6O_2$ をもつ試料の構造を決定せよ．ただし，UV スペクトルでは約 200 cm^{-1} 付近に吸収が見られ，IR スペクトルでは約 1700 cm^{-1} に非常に強く鋭い吸収と 3000 cm^{-1} にまたがる強く幅広い吸収が見られた．また，つぎのような ^{1}H NMR スペクトルが測定（測定周波数 300 MHz）

された.

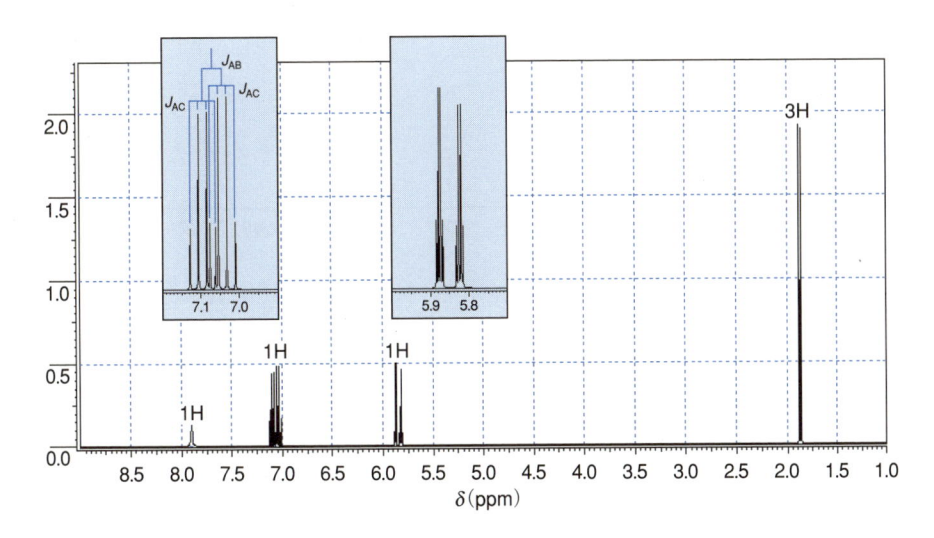

4・5

a) 炭素に関する NMR スペクトルで測定されるのは ^{12}C 核ではなく, ^{13}C 核である. その理由を簡単に述べよ.

b) つぎの文は ^{13}C NMR スペクトルの特徴について述べたものである. 空欄に適当な語句や数字を入れて完成せよ.

^{13}C NMR スペクトルでは, ^{13}C の存在度が ① %とわずかであるので, ^{13}C 核同士の ② 結合は非常に小さくなる. 一方, ③ 核の存在度は非常に大きいので, ^{13}C 核と ④ 核との ⑤ 結合の影響を受けて, シグナルが ⑥ し, スペクトルを ⑦ にする. この問題を解決するために, ⑧ という方法を用いることで, スペクトルを単純化することができる. この方法により, ^{13}C 核と ⑨ 核の ⑩ 結合の影響が取除かれ, シグナルの ⑪ は消えて, それぞれ ⑫ 本のシグナルとなって現れる.

c) つぎの図はエチルビニルケトンの ^{13}C NMR スペクトルの位置を示したものである. それぞれのシグナルはどの炭素に該当するか.

82   4. 有機分子の構造解析

$$CH_3-CH_2-\underset{(C)}{\underset{\|}{\overset{O}{C}}}-CH=CH_2$$
(A) (B)   (D) (E)

⑤ 200 ④ 140 ③ 130 ② 30 ① 10 (ppm)

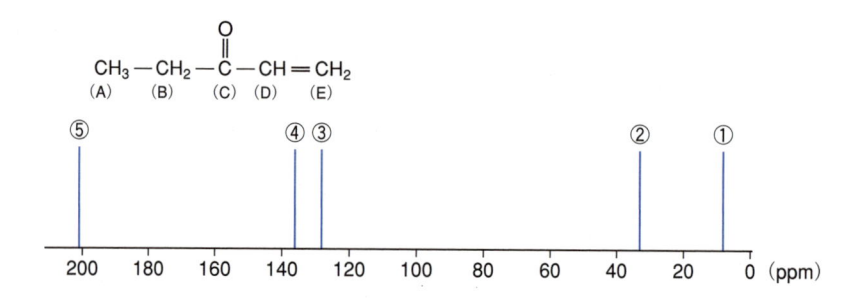

4・6

下記はプロピオン酸メチルの二次元NMRスペクトル（H−H COSY）を示したものである．これを参考にして，つぎの文の空欄に適当な語句を入れて完成せよ．

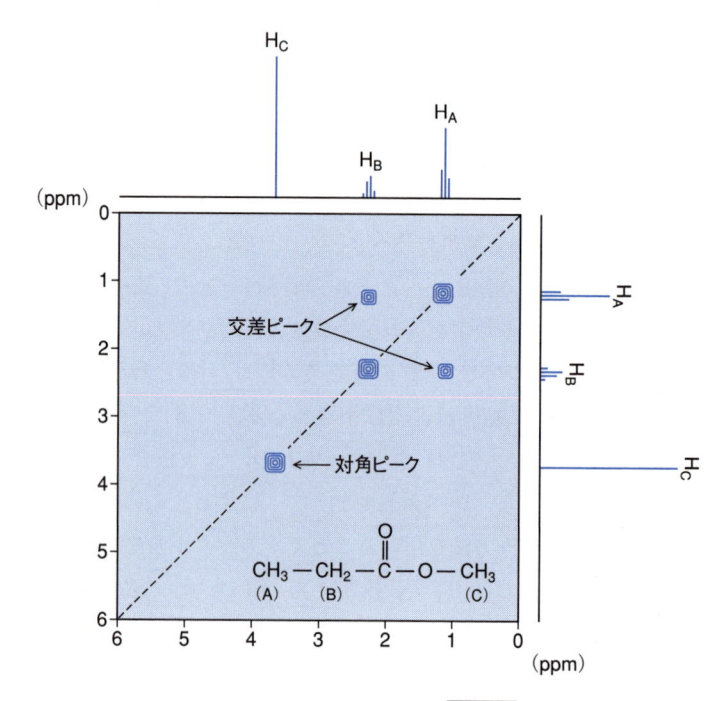

$$CH_3-CH_2-\underset{(B)}{\underset{\|}{\overset{O}{C}}}-O-CH_3$$
(A)   (C)

H$_C$, H$_B$, H$_A$ — 交差ピーク — 対角ピーク

COSY は COrrelation SpectoroscopY の略であり，このように，二つの軸上にスペクトルを示したものを**二次元NMRスペクトル**という．

H−H COSY スペクトルはプロトン同士の ① 結合に関する情報を与えてくれる．H−H COSY では縦と横の二つの軸に ② スペクトルが示されている．大きな正方形の中には，小さい ③ がいくつか現れてい

る．これらのうち，　④　上にあるピークは，　⑤　スペクトルと同じ情報しか与えないものであり意味をもたない．

一方，　⑥　の両側に　⑦　的に配置されたピークは　⑧　とよばれ，プロトン同士の　⑨　結合を示すものである．

プロピオン酸メチルのスペクトルでは，横軸の H_B のシグナルから真下に延ばした線と，縦軸の H_A のシグナルから真横に延ばした線の交点に　⑩　があるので，これらのプロトンの間に　⑪　結合があることがわかる．一方，H_C に関する　⑫　は見られないので，他のプロトンとの間に　⑬　結合のないことがわかる．

5 有機分子の反応

　有機化学で扱う反応の種類は非常に多い．しかし，それぞれの反応を見てみると，どの反応にも適用できる法則のあることがわかる．

　化学反応は**化学反応式**（単に**反応式**ともいう）によって表される．反応式では，矢印→をはさんで，左右に分子式（構造式）が書いてある．反応は左側から右側に進行する．

　ここで，

$$A \longrightarrow B$$

という反応を考えてみよう．最初に反応容器にあるのはAのみとする．反応が開始すると，AはBに変化するので，Aの濃度が減少し，Bの濃度が増加する．その様子を下図に示した．ここで，最初（時間 $t=0$）の濃度を初濃度といい，$[A]_0$ で表す．各時間でのAの濃度とBの濃度を足せば，Aの初濃度に等しくなる．

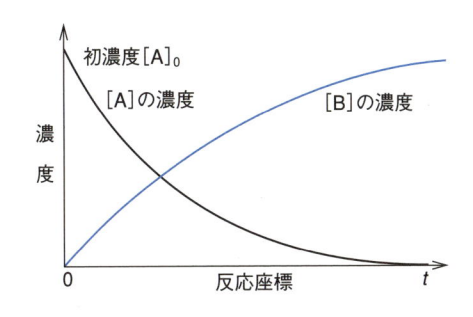

横軸は反応の進行の程度を表すので，一般に**反応座標**という．

　反応の進行する速さを**反応速度**といい，上記の場合はつぎの式で表される．

86　5. 有機分子の反応

$$v = -\frac{d[A]}{dt} = \frac{d[B]}{dt} \tag{1}$$

すなわち，反応速度は濃度 [A]，[B] の時間変化に相当する．

一般に，このような反応では反応速度は濃度に比例する．

$$v = k[A] \tag{2}$$

(2)式を**反応速度式**といい，比例定数 k を**反応速度定数**という．また，この式は濃度 [A] に関して1次なので，このような反応速度式で表される反応を **1 次反応**という．

> $v=k[A]^2$ の反応速度式で表される反応を **2 次反応**という．

化学反応ではエネルギーの出入りがともなう．反応中に吸収または放出される熱を**反応熱**という．

図(a) のように出発系のほうが生成系よりもエネルギーが高い場合は，余分な熱が放出される**発熱反応**になる．一方，図(b) のように生成系のほうが出発系よりもエネルギーが高い場合には，反応を進行させるためには，外界から熱を供給する必要がある．このような反応を**吸熱反応**という．

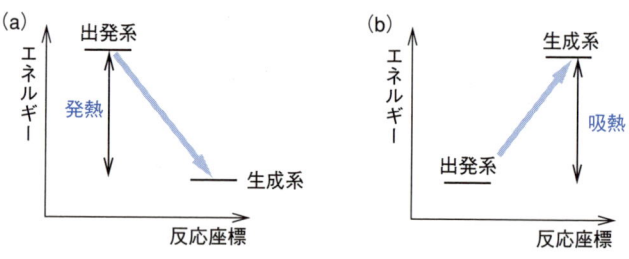

有機分子の反応では，A−B−C−D…といったリボンをはさみで切り（結合の切断），原子を組替えて，適当にのりでつなげる（結合の生成）という操作を繰返すことで，新しい分子が誕生する．

結合の切断の方法には，ホモリシスとヘテロリシスがある．

ホモリシス（均一開裂）は共有結合 A−B，すなわち A：B における 2 個の結合電子が 1 個ずつに分かれ，各原子に均等に存在する切断の仕方のことをいう．この場合，A·，B· というラジカルが生成する．

一方，共有結合 A−B が切断されるとき，2 個の結合電子がともに片方の原子だけに移動することがある．このような結合の切断を**ヘテロリシス（不均一開裂）**という．この場合，A^+，B^- のようにイオンが生成する．

> A—B ⟶ A· + B·
> (A ：B)　　ラジカル
>
> A—B ⟶ A^- + B^+
> (A ：B)　(A： + B)
> 　　　　陰イオン　陽イオン
>
> ヘテロリシスは有機反応における最も一般的な結合の切断の仕方である．

有機反応の種類は大きく分けると，① 置換反応，② 付加反応，③ 脱離反応，④ 転位反応になる．

置換反応とは，原子や置換基が，別の原子や置換基に置き換わる反応のことをいう．

$$\text{C}_6\text{H}_5\text{-CH}_2\text{Br} + \text{NaCN} \longrightarrow \text{C}_6\text{H}_5\text{-CH}_2\text{CN} + \text{NaBr}$$

付加反応とは，二重結合などの不飽和結合に原子や置換基が結合する反応のことをいう．

$$\text{CH}_2\text{=CH}_2 + \text{HCl} \longrightarrow \text{CH}_3\text{-CH}_2\text{Cl}$$

脱離反応とは，付加反応の逆の反応のことであり，原子や置換基がはずれて，二重結合などの不飽和結合を形成する反応をいう．

$$(\text{CH}_3)_3\text{CCl} \longrightarrow (\text{CH}_3)_2\text{C=CH}_2 + \text{HCl}$$

転位反応とは，分子内の原子や置換基の並び方，つまり結合の順序が変化する反応のことをいう．

$$\text{C}_6\text{H}_5\text{-O-CH}_2\text{-CH=CH}_2 \longrightarrow o\text{-HO-C}_6\text{H}_4\text{-CH}_2\text{-CH=CH}_2$$

★★★

例題 5・1 有機反応の基礎

以下の反応について見てみよう．

$$A \longrightarrow B \longrightarrow C$$

a) つぎの文の空欄に適当な語句を入れて完成せよ．

上記の反応では，A→Bという反応とB→Cという反応の二つの反応が ① して起こっている．このとき，AからCができる全体の反応を ② 反応という．一方，A→B，B→Cのそれぞれの反応を ③ 反応という．ここでAは出発物であり，Cは ④ である．Bは反応A→Bでは

⑤ であるが，B→C では ⑥ である．このように反応の途中に見られるものを ⑦ という．

b) 図① は $k_a > k_b$ の場合，図② は $k_a < k_b$ の場合の A, C の濃度変化を示したものである．図①，② における B の濃度変化をそれぞれ描け．

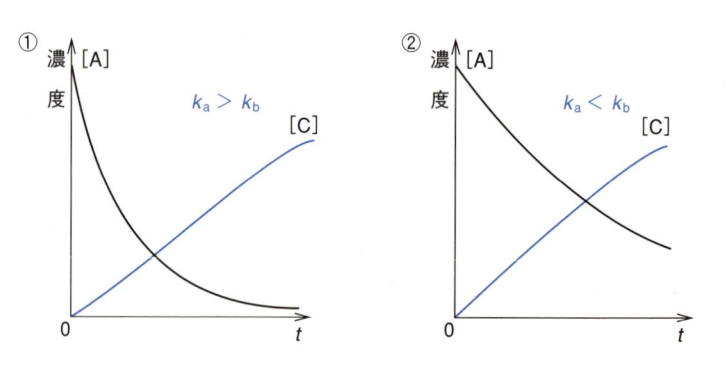

c) 図は反応 A→B→C のエネルギー変化を示したものである．図中の T と E_a の名称を答え，それぞれについて簡単に説明せよ．

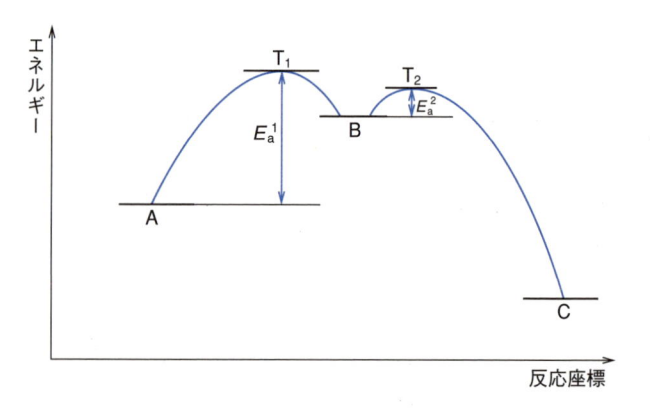

d) 全体の反応 A→C は発熱反応，吸熱反応のどちらであるかをいえ．

解答

a) ① 連続，② 逐次，③ 素，④ 生成物，⑤ 生成物，⑥ 出発物，⑦ 中間体

b) B の濃度変化はそれぞれ図 5・1 のようになる．

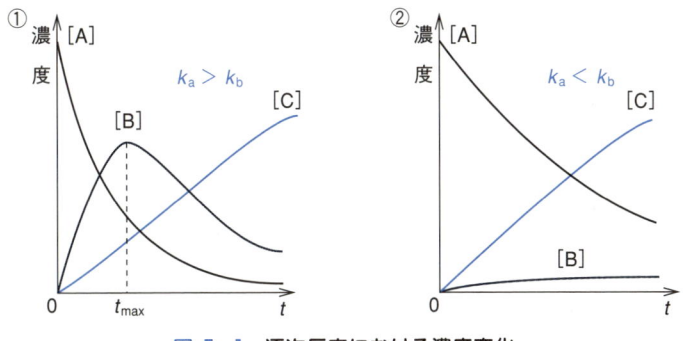

図 5・1 逐次反応における濃度変化

① 反応が進行すると，A は減少し，B は初期段階から大量に生成する．ここで B の生成する速度が大きく，B の消失する速度が小さいので，一時的に B がたまるために，B の濃度に極大点が現れる．B はやがて C に変化するので，B の濃度は減少し，最終的に A も B も姿を消し，すべて C になる．

② 反応が進行しても，A の消失と B の生成は緩やかである．B の消失する速度が生成する速度よりも大きいので，生成した B がただちに C に変化する．そのため，B の濃度はほとんど変化せず，極大点も現れない．

c) T は**遷移状態**とよばれ，エネルギー曲線の山の頂上（極大）に相当し，過渡的でエネルギーの高い不安定な状態を示す．

E_a は**活性化エネルギー**とよばれ，遷移状態の山を越えて，反応が進行するために必要なエネルギーを示す．

d) 図から出発物 A のほうが生成物 C よりもエネルギーが高いことがわかる．したがって，そのエネルギー差を熱として放出するので，発熱反応になる．

出発物が安定な生成物に変化するためには，生成物同士の結合が破壊され，結合の組換えを行い，一時的に別の過渡的な状態になる必要がある．これが遷移状態である．

活性化エネルギーの大きい反応は起こりにくく，活性化エネルギーの小さい反応は起こりやすい．いったん，反応が進行すれば，それに伴って放出されるエネルギーが活性化エネルギーを補うために，反応はつぎつぎと進行する．

出発物 A のほうが生成物 C よりもエネルギーが低い場合は，反応を進行させるには外界からエネルギーを供給しなければならないので，吸熱反応となる．

★★★

例題 5・2 結合の切断

有機分子の反応には，結合の切断と形成がともなう．ここでは，有機分子の結合の切断について見てみよう．

a) 共有結合 A−B を切断するおもな方法には，① ホモリシス（均一開裂）と ② ヘテロリシス（不均一開裂）があり，それぞれ下記の反応式

90　5. 有機分子の反応

で表すことができる．

① A—B ⟶ A· + B·　　② A—B ⟶ A⁻ + B⁺

反応式①，②における電子の動きを矢印で書き表せ．

b) 下記のラジカルを安定な順に並べよ．

$$CH_3-\underset{H}{\overset{CH_3}{C\cdot}}\quad \text{アリル}\quad \cdot CH_3\quad CH_3-\underset{CH_3}{\overset{CH_3}{C\cdot}}\quad \text{ベンジル}\quad H-\underset{H}{\overset{CH_3}{C\cdot}}$$

第二級　　アリル　　メチル　　第三級　　ベンジル　　第一級

c) 有機分子のヘテロリシスではカルボカチオン，カルボアニオンが生成する．以下の①カルボカチオンと②カルボアニオンをそれぞれ安定な順に並べよ．

① $CH_3-CH_2^{\oplus}$　$CH_3-\underset{CH_3}{\overset{CH_3}{C^{\oplus}}}$　$CH_3-\overset{CH_3}{\underset{CH_3}{C}H^{\oplus}}$　　② $CH_3-\overset{CH_3}{C}H^{\ominus}$　$CH_3-CH_2^{\ominus}$　$CH_3-\underset{CH_3}{\overset{CH_3}{C^{\ominus}}}$

解答！

a)　① A⌢—⌢B ⟶ A· + B·　　② A⌢—B ⟶ A⁻ + B⁺

① ホモリシスは2個の結合電子が1個ずつに分かれ，均等に存在する切断様式であり，不対電子をもつ A· と B·，すなわちラジカルが生成する．ホモリシスのように電子が1個ずつ動く場合には，電子の動きは片羽矢印 ⇀ で表す．（そのため，ラジカル的切断ともいう．）

② ヘテロリシスは2個の結合電子が片方の原子だけに存在する切断様式であり，荷電したイオン A⁻，B⁺ が生成する．ヘテロリシスのように2個の電子（電子対）が動く場合には，電子対の動きは両羽の矢印 → で表す．（そのため，イオン的切断ともいう．）

b) 下記のようになる．

ベンジル ≈ アリル > 第三級 > 第二級 > 第一級 > メチル

大 ←――――――― 安定性 ―――――――→ 小

ラジカルは電子供与基（アルキル基を含む），電子求引基によって安定化される．この場合，メチル基が増えるほどラジカルは安定化する．また，共役系をつくる置換基もラジカルを安定化し，上記のアリルラジカルやベンジルラジカルはアルキルラジカルよりもさらに安定である．

c) ① カルボカチオンではラジカルと同様に，メチル基が多く結合しているほど安定である．

② カルボアニオンはメチル基を多くもつほど不安定になる．これは逆にいえば，電子求引基が多く結合しているほど安定である．

一般にラジカルは不安定で，反応性が高いが，安定化作用のある電子供与基や電子求引基，共役系をつくる置換基を同時にもつラジカルでは，長寿命で反応性が低く，単離可能なものも知られている．

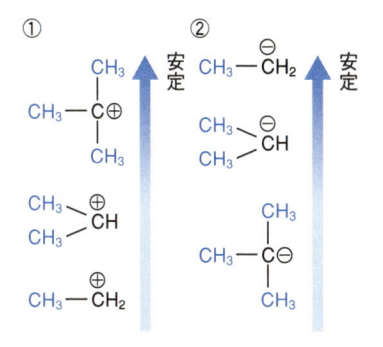

*****

例題 5・3　有機反応の分類

a) 反応式 ①〜④ は，置換反応，付加反応，脱離反応，転位反応のいずれに該当するかをいえ．

① A—B ⟶ A＝B ＋ X—Y
　　｜　｜
　　X　Y

② A—B ⟶ A—B
　　｜　　　　｜
　　X　　　　X

③ A—B ＋ X ⟶ A—X ＋ B

④ A＝B ＋ X—Y ⟶ A—B
　　　　　　　　　　　｜　｜
　　　　　　　　　　　X　Y

b) つぎの文で間違っているものをあげよ．

① 有機反応では攻撃する分子を基質，攻撃される分子を試薬という．
② ある分子のマイナスに荷電した部分が，他の分子のプラスに荷電した部分をめがけて攻撃する反応を求核反応という．
③ ある分子のプラスに荷電した部分が，他の分子のマイナスに荷電した部分をめがけて攻撃する反応を求電子反応という．
④ 求核反応を行う分子を求電子試薬（求電子剤）という．
⑤ 求核反応でも求電子反応でも，反応を表す矢印は，下記のようにマイナスに荷電した部分（非共有電子対を含む）から出発するように表示する．

A—B—C⁻—D ＋ E⁺—F ⟶ A—B—C—E—F
　　　　　　　　　　　　　　　　　｜
　　　　　　　　　　　　　　　　　D

⑥ 求核の"核"は原子核の意味であり，原子核がプラスに荷電していることから名づけられた．
⑦ 1分子反応は生成物が1個の分子，2分子反応は2個の分子の場合をいう．
⑧ 反応の速度を支配する律速段階にかかわる分子が1個のときを1分子反応，2個のときを2分子反応という．

a) ① 脱離反応，② 転位反応，③ 置換反応，④ 付加反応
これらの反応については，冒頭の解説を参照されたい．

b) 間違っているものは ①，④，⑦．

図5・2は求核反応と求電子反応を模式的に示したものである．

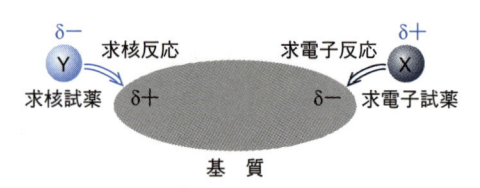

図 5・2 求核反応および求電子反応

攻撃する分子を"試薬"，攻撃される分子を"基質"という．**求核試薬**とは，基質（標的分子）のプラスに荷電した部分をめがけて攻撃する試薬のことをいい，求核試薬の行う反応を**求核反応**という．一方，求電子試薬は基質のマイナスに荷電した部分を攻撃する試薬であり，**求電子試薬**を用いた反応を**求電子反応**という．

S：substitution（置換）
N：nucleophilic（求核）

****
例題5・4　求核置換反応

求核置換反応は求核試薬によって起こる置換反応であり，1分子的求核置換反応（S_N1反応）と2分子的求核置換反応（S_N2反応）がある．

a) 図はS_N1反応の例を示したものである．これを参考にして，つぎの文の空欄に適当な語句を入れて完成せよ．また，[　　]については正しいほうを選べ．

S_N1 反応では ① が接近するまえに，炭素原子と臭素原子の結合が切れて ② と臭化物イオンが生成する．この ② はエネルギー曲線の谷に相当する ③ として存在し，水分子が ④ を使ってこれを攻撃する．この反応では図中の［A, B］の段階が律速段階となっている．よって，反応速度は ⑤ ではなく，⑥ の濃度のみに支配される．このように，律速段階に関与する分子が1分子である求核置換反応を **1分子的置換反応（S_N1 反応）** という．

b) S_N1 反応において A〜C を出発物として用いた場合，反応速度の大きいものから順に並べよ．

c) 下図は S_N2 反応の例を示したものである．これを参考にして，つぎの文の空欄に適当な語句を入れて完成せよ．

S_N2 反応では，プラスに荷電した炭素原子を OH^- が臭素原子の ① 側から攻撃することで反応が開始し，やがてエネルギー曲線の山に相当する ② に至る．そして，この山を越えて反応がさらに進むことで最終的な生成物ができあがる．このように，S_N2 反応は ③ を生成することなしに，④ 段階で反応が起こる．よって，⑤ には臭化アルキルと OH^-（求核試薬）の2分子が関与するので，**2分子的求核置換反応（S_N2 反応）** という．

d) S_N2 反応おいて A〜C を出発物として用いた場合，反応速度の大きいものから順に並べよ．

94　5. 有機分子の反応

解答

S_N1 反応と S_N2 反応の違いを理解しよう．

a)　① 求核試薬，② カルボカチオン，③ 中間体，④ 非共有電子対，⑤ 求核試薬，⑥ 臭化アルキル，[A, B]

b)　これらの S_N1 反応の速度は中間体であるカルボカチオンが安定であるほど速い．例題 5・2c) で見たように，電子供与基であるメチル基が多く結合しているカルボカチオンほど安定である．

よって，

c)　① 反対，② 遷移状態，③ 中間体，④ 1，⑤ 律速段階

d)　S_N2 反応では求核試薬は臭素原子の反対側から攻撃するので，反応速度はアルキル基 R による立体障害により影響を受ける．第三級臭化アルキル R_3Br ではかさ高いアルキル基が 3 個あるので，求核試薬が接近することはできない．一方，第一級臭化アルキル RH_2Br ではアルキル基が 1 個しかなく，そのほかは小さな水素だけであり，容易に接近できるため反応速度は大きくなる．

よって，

****

例題 5・5　求電子置換反応

求電子試薬を用いた置換反応を**求電子置換反応**（**SE 反応**）という．

a) 下記はハロゲン化アルキルを用いて，ベンゼンからトルエンが生成する**フリーデル–クラフツアルキル化反応**について示したものである．空欄を埋めて完成せよ．

$$CH_3Cl + AlCl_3 \longrightarrow \boxed{} + \boxed{}$$

$$\text{ベンゼン} + \boxed{} \longrightarrow \boxed{} \xrightarrow{\boxed{}} \text{トルエン}$$

b) 下記の反応 ①, ② から生成するのは，オルト，メタ，パラ異性体のうちのどれか．

① トルエン $\xrightarrow{CH_3^+}$

② ニトロベンゼン $\xrightarrow{CH_3^+}$

解答

a) 図 5・3 のようになる．

$$CH_3Cl + AlCl_3 \longrightarrow CH_3^+ + AlCl_4^-$$

$$\text{ベンゼン} + CH_3^+ \longrightarrow \text{カチオン中間体} \xrightarrow{-H^+} \text{トルエン}$$

図 5・3　トルエンの合成

塩化メチル CH_3Cl と塩化アルミニウム $AlCl_3$ を反応させると，メチルカチオン CH_3^+ が生成する．これが求電子試薬となり，ベンゼンを攻撃するとカチオン中間体が生成し，H^+ がはずれてトルエンが生成する．

$AlCl_3$ にはハロゲン化アルキルのイオン化を助ける働きがある．

b) 図 5・4 のようになる．

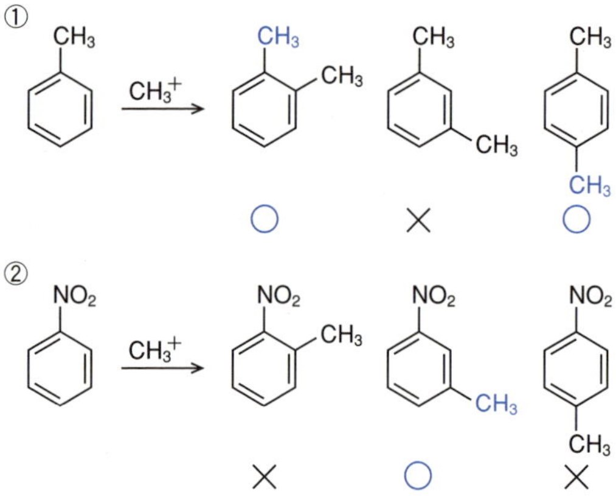

図 5・4 オルト・パラ配向性①およびメタ配向性②

ベンゼンに求電子置換反応で新たな置換基を導入する場合，ベンゼンに結合した置換基の種類による配向性をもつ（表5・1）．

表 5・1 置換基の配向性

オルト・パラ配向性	メタ配向性
Cl, Br, CH_3, Ph	COOR, COR, NO_2, CN

ハロゲンやメチル基などが結合したベンゼンに置換基を導入する場合は，オルト・パラ位に置換反応が起こる．一方，カルボキシ基，ニトロ基などが結合したベンゼンに置換基を導入する場合は，メタ位に置換反応が起こる．

例題 5・6　付加反応

ここでは，付加反応のうち，接触水素化反応，求電子付加反応，求核付加反応について見てみよう．

a）下記はアルキンの三重結合に対する接触水素化反応を示した．空欄に生成物の構造式を示せ．

$$R-C\equiv C-R \xrightarrow{H_2/Pd} \boxed{}$$
アルキン

パラジウムや白金などの金属触媒の存在下，不飽和結合に水素を付加させる反応を**接触水素化**あるいは**接触還元**という．

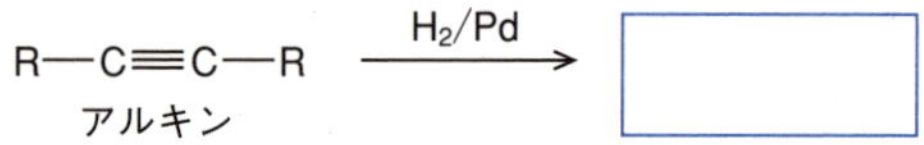

b) つぎの文はアルケンの臭素付加反応について述べたものである．空欄を埋めて完成せよ．

アルケンへの臭素付加反応は，①が臭素カチオン Br^+ と臭素アニオン Br^- に分解することから始まる．アルケンの②を最初に攻撃するのは③であり，そのため，このような反応を④反応という．この結果，分子面の片方が完全に⑤で覆われた環状イオン中間体，つまりブロモニウムイオンが生成する．さらに，このブロモニウムイオンを⑥が攻撃して最終生成物を与えるには，⑦の存在しない分子面側から攻撃せざるをえない．つまり，Br^+ と Br^- は互いに⑧から攻撃が行われる．このような反応の仕方を⑨付加という．

c) カルボニル基 C=O の炭素はプラスに荷電しているので，求核攻撃を受ける．以下はケトンのおもな求核付加反応を示したものである．空欄に構造式を入れて，反応式を完成せよ．

① $R_2C=O + HCN \longrightarrow \boxed{}$

② $R_2C=O + HO-R \longrightarrow \boxed{} \xrightarrow{HOR} \boxed{}$

③ $R_2C=O + H-NH-R \longrightarrow \boxed{} \longrightarrow \boxed{}$

解答

a) アルキンの三重結合に対する接触水素化では二重結合の同じ側に付加し，シス形が生成する．このような反応機構を**シス付加**あるいは**シン付加**という．

同様に，アルケンの二重結合に対する接触水素化もシス付加で進行する．

$R-C\equiv C-R \xrightarrow{H_2/Pd}$ (シス形) アルキン → シス形

b) ① 臭素分子，② 二重結合，③ Br^+，④ 求電子付加，⑤ Br^+，⑥ Br^-，⑦ Br^+，⑧ 反対側，⑨ トランス（アンチ）

トランス付加はアンチ付加ともいう．

図5・5はアルケンへの臭素付加反応を模式的に示したものである．

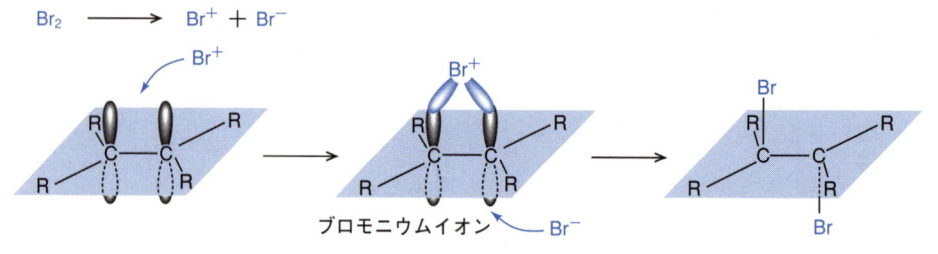

図5・5　アルケンへの臭素付加反応

c) ① ケトンにシアン化水素HCNを反応させると，シアノヒドリン**1**が生成する．

$$\mathrm{R_2C=O + HCN \longrightarrow R_2C(CN)(OH)} \quad \mathbf{1}$$

② ケトンにアルコールを反応させるとヘミアセタール**2**が生成する．ヘミアセタールはさらにアルコールと求核置換反応を行い，アセタール**3**となる．

$$\mathrm{R_2C=O + HO-R \longrightarrow R_2C(OR)(OH)} \xrightarrow{\mathrm{HOR}} \mathrm{R_2C(OR)_2}$$
$$\qquad\qquad\qquad\qquad\quad \mathbf{2} \qquad\qquad \mathbf{3}$$

③ ケトンにアミンを反応させると付加物**4**が生成する．さらに，**4**は脱水反応を経て二重結合を導入し，イミン**5**となる．

（欄外）C=N二重結合をもつ分子をイミンという．

$$\mathrm{R_2C=O + H-NH-R \longrightarrow R_2C(NHR)(OH)} \xrightarrow{-H_2O} \mathrm{R_2C=N-R}$$
$$\qquad\qquad\qquad\qquad\qquad\quad \mathbf{4} \qquad\qquad\qquad \mathbf{5}$$

★★

例題5・7　脱離反応

a) 下記の1分子的脱離反応（E1反応）における生成物を構造式で示せ．

$$\mathrm{P-C(X)(Q)-C(H)(Q)-P} \xrightarrow{-HX}$$

b) 図は2分子的脱離反応（E2反応）の反応機構を示したものである．

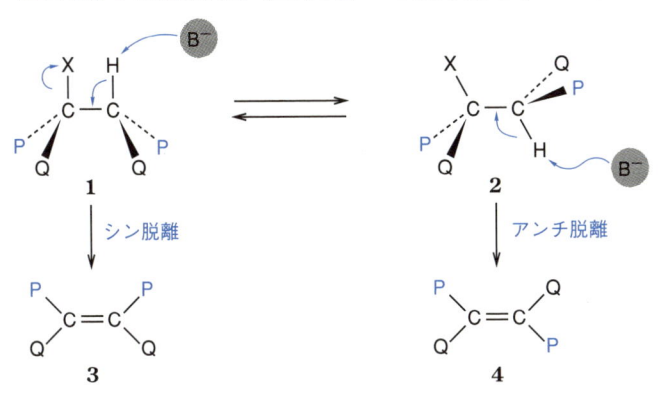

この図を参考にしながら，つぎの文の空欄に適当な語句を入れよ．また，［　］内は該当するほうを選べ．

E2反応は出発物に対してアニオン B^- が ① することで開始される．したがって，出発物とアニオンの2分子が ② に関与する．二つの中間状態において，**1** は ③ 配座をとり，**2** では ④ 配座をとる．このため，両者の安定性を比較すると［中間状態**1**，中間状態**2**］のほうが安定であるので，生成物は［シス形**3**，トランス形**4**］となる．

解答

a) E1反応ではシス形とトランス形が1：1で生成する．図5・6にE1

図5・6　E1反応の反応機構

反応の反応機構を示した．出発物 1 から脱離基 X がアニオン X⁻ として脱離する．その結果，カチオン中間体が生成し，さらに水素が H⁺ として自発的に脱離して，二重結合をもつ最終生成物を与える．このとき，C–C 結合の回転が可能であるので，カチオン中間体 2 からシス形 4 が，カチオン中間体 3 からトランス形 5 が基本的に 1：1 の比率で生じることになる．

重なり形配座，ねじれ形配座については，3 章を参照されたい．

b) ① 求核攻撃，② 律速段階，③ 重なり形，④ ねじれ形
　　［中間状態 1, 中間状態 2 ］，［シス形 3, トランス形 4 ］

****

例題 5・8　酸化反応

a) 酸化反応によって二重結合が切断される．そのさい，二重結合に付いているアルキル基の個数によって生成物が異なる．下記の反応 ①〜⑤ の生成物を示せ．

① $R_2C=CR_2 \xrightarrow{O}$　　② $RHC=CHR \xrightarrow{O}$

③ $H_2C=CH_2 \xrightarrow{O}$　　④ $R_2C=CHR \xrightarrow{O}$

⑤ $R_2C=CH_2 \xrightarrow{O}$

b) アルケン $R_2C=CR_2$ の酸化反応を，① 過マンガン酸カリウム $KMnO_4$ 水溶液，② オゾン O_3 を用いて行った．それぞれの場合の中間体と生成物を示せ．

解答！

a) 下記のようになる．

① $R_2C=CR_2 \xrightarrow{O} 2\ R_2C=O$
　　1　　　　　　　　**2**

② $RHC=CHR \xrightarrow{O} 2\ RHC=O \xrightarrow{O} 2\ RC(=O)OH$
　　3　　　　　　　　**4**　　　　　　　　**5**

③ $H_2C=CH_2 \xrightarrow{O} 2CO_2 + 2H_2O$
   6

④ $\underset{R}{\overset{R}{>}}C=C\underset{H}{\overset{R}{<}} \xrightarrow{O} \underset{R}{\overset{R}{>}}C=O + R-C\underset{H}{\overset{O}{<}}$
   7　　　　　　**2**　　　**4**

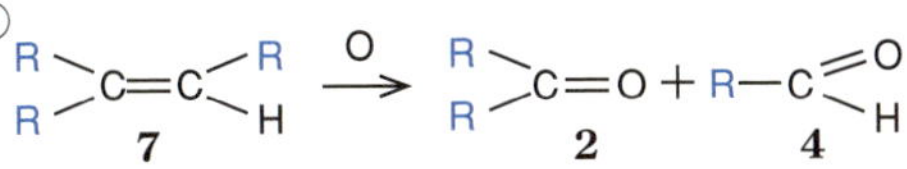

⑤ $\underset{R}{\overset{R}{>}}C=C\underset{H}{\overset{H}{<}} \xrightarrow{O} \underset{R}{\overset{R}{>}}C=O + CO_2 + H_2O$
   8　　　　　　**2**

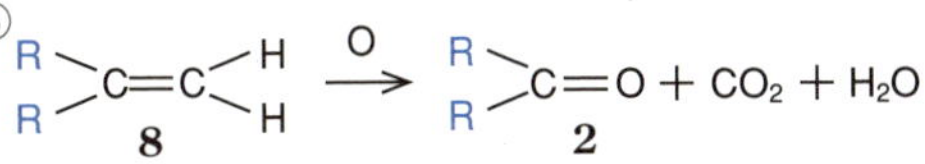

　四置換体 **1** の酸化ではケトン **2** を与えるが，二置換体 **3** ではアルデヒド **4** を与える．しかし，アルデヒドは酸化されやすいので，多くの場合，さらに酸化されてカルボン酸 **5** になる．無置換体であるエチレン **6** は二酸化炭素と水になる．また，三置換体 **7** からはケトン **2** とアルデヒド **4** が生成する．二置換体 **8** は **3** とは異なり，ケトン **2** が生成する．

　b) 図 5・7 (A) に示した．① 過マンガン酸カリウムの 2 個の酸素が，アルケンの二重結合に付加して環状の中間体 **1** ができ，これが水で分解され最終生成物 **2** になる．

　② 図 5・7 (B) に示した．オゾニドとよばれる 5 員環の中間体 **3** を経由して，2 分子のケトン **4** が生成する．

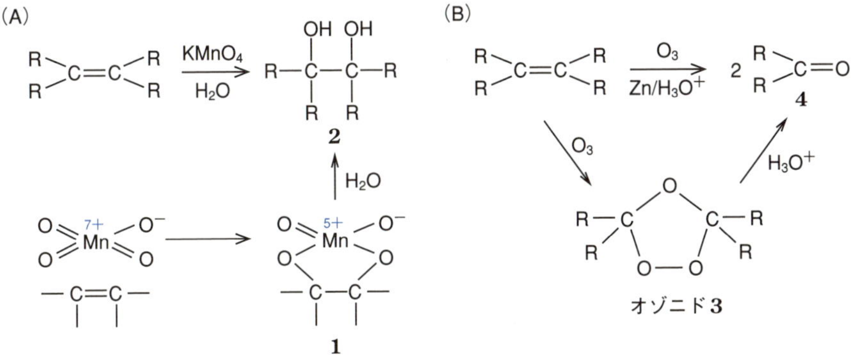

図 5・7　過マンガン酸カリウム(A)およびオゾン(B)による酸化反応

****

例題 5・9　転位反応

　a) つぎの転位反応では生成物 **2** のほかに，もう一つの生成物 **3** を与える．

5. 有機分子の反応

[反応式: 化合物1 (3-メチル-1-ブテン) + HCl → 化合物2 + 化合物3]

つぎの文はこの転位反応について説明したものである．空欄を埋めて完成せよ．

　期待される生成物 **2** だけではなく，生成物 **3** も与えるのは反応が ① 段階で起こるためである．出発物 **1** のプロトン化で生じる ② 級カルボカチオン中間体が ③ とその ④ ，つまり ⑤ イオンが近くの ⑥ に移動するため，より安定な ⑦ 級カルボカチオン中間体が生じる．さらに，このカルボカチオンと Cl⁻ が反応して生成物 **3** が生じる．反応温度が ⑧ ほど，転位による生成物 **3** をより多く与えることが知られている．

b）　ベンゼンと出発物 **1** からはフリーデル–クラフツアルキル化によって，ただ一つの生成物を与える．この生成物を示せ．

解　答

> カルボカチオンの安定性については，例題 5・2 を参照．

a)　① 2，② 第二，③ 水素原子，④ 電子対，⑤ ヒドリド，⑥ 炭素，⑦ 第三，⑧ 高い

b)　ヒドリドイオンの転位が起こり，第一級カルボカチオン中間体よりも安定な第三級カルボカチオン中間体が生成するため，以下のただ一つの生成物を与える．

> フリーデル–クラフツアルキル化反応については例題 5・5 も参照のこと．

[反応式: ベンゼン + 第三級カルボカチオン → 2-フェニル-2-メチルブタン (C₆H₅–C(CH₃)₂–CH₂CH₃)]

例題 5・10　さまざまな有機分子の反応

a)　つぎはアルコールの酸化反応について示したものである．空欄に適

当な構造式を入れて完成せよ．

① R—CH₂—OH $\xrightarrow{O}$ ☐ $\xrightarrow{O}$ ☐   ③ R—C(R)(R)—OH $\xrightarrow{O}$ ☐

② R—CH(R)—OH $\xrightarrow{O}$ ☐

b) 2種類の R—OH，R′—OH から非対称エーテル R—O—R′ のみが生成する方法を簡単に説明せよ．

c) アルデヒドの還元性を利用した定性反応に ① フェーリング反応と ② 銀鏡反応がある．それぞれについて簡単に説明せよ．

d) 下記 ①，② はケトンとアミンの反応を示したものである．空欄に適当な構造式を入れて完成せよ．

① R₂C=O + H₂N—OH ⟶ ☐ $\xrightarrow{-H_2O}$ ☐

② R₂C=O + H₂N—NH₂ ⟶ ☐ $\xrightarrow{KOH}$ ☐

解答!

a) 下記のようになる．

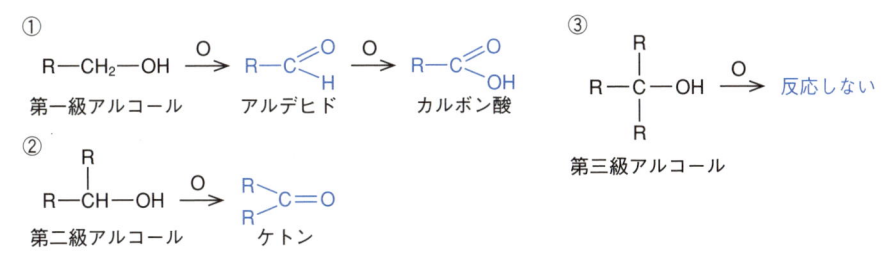

① R—CH₂—OH (第一級アルコール) $\xrightarrow{O}$ R—CHO (アルデヒド) $\xrightarrow{O}$ R—COOH (カルボン酸)

② R—CH(R)—OH (第二級アルコール) $\xrightarrow{O}$ R₂C=O (ケトン)

③ R—C(R)(R)—OH (第三級アルコール) $\xrightarrow{O}$ 反応しない

① 第一級アルコールを酸化するとアルデヒドになり，さらに酸化されてカルボン酸になる．② 第二級アルコールを酸化するとケトンになる．③ 第三級アルコールは酸化されない．

b) **ウイリアムソンのエーテル合成法**を用いると，非対称エーテルの

2種類のアルコール R–OH と R′–OH の間で脱水が起こると，3種類のエーテル，R–O–R，R–O–R′，R′–O–R′ の混合物が生成する．

みが生成する．つまり，以下のようにナトリウムアルコキシド R–ONa と，R′OH から合成される臭化アルキル R′–Br を反応させる．

$$R-O-Na + Br-R' \xrightarrow{-NaBr} R-O-R'$$

c） **フェーリング反応**：青色の硫酸銅 $CuSO_4$ 水溶液にアルデヒドを加えると2価の銅イオン Cu^{2+} が還元されて1価の Cu^+ となり，酸化銅（Ⅰ）Cu_2O となるため，赤褐色の沈殿を生じる．

金属銀が容器壁について鏡のようになるので，銀鏡とよばれる．

銀鏡反応：硝酸銀 $AgNO_3$ 水溶液にアルデヒドを加えると銀イオンが還元されて金属銀 Ag になる．

d）下記のようになる．

① ケトン + ヒドロキシルアミン → 中間体 → オキシム

② ケトン + ヒドラジン → ヒドラゾン → アルカン

アミンはケトンに対して求核攻撃を行う．

① ヒドロキシルアミンがケトンを求核攻撃すると中間体が生成し，さらに脱水して二重結合が導入され，オキシムが生成する．

この反応を発見者の名前にちなんで"ウォルフ−キシュナー反応"という．

② ヒドラジンがケトンを求核攻撃するとヒドラゾンが生成し，さらに強塩基と反応させるとアルカンになる．

練 習 問 題

5・1

a） 図は反応 A→B のエネルギー変化を示したものである．触媒を用いた場合のエネルギー変化および活性化エネルギーを図中に示せ．

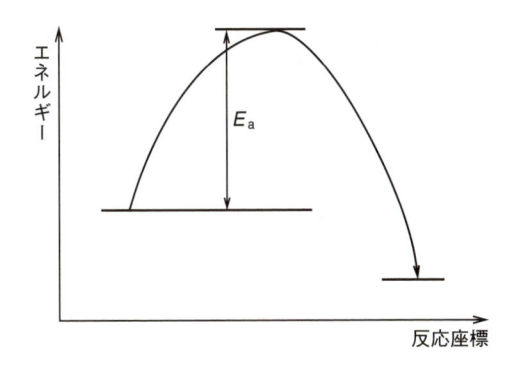

b) 中間体が安定化すると，反応は進行しやすくなる．この理由を簡単に説明せよ．

5・2
a) 下記に示すように光学活性な分子 **1** を用いて S_N1 反応を行うと，生成物はラセミ体 **2**，**3** になる．この理由を説明せよ．

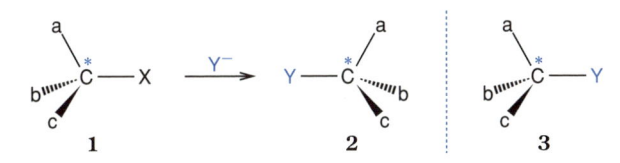

b) 下記に示すように光学活性な分子 **1** を用いて S_N2 反応を行うと，生成物は一組のエナンチオマーのうち片方だけが生成する．この理由を説明せよ．

5・3
a) つぎはアルケンに対する臭化水素付加反応について示したものである．空欄 **2**〜**5** に構造式を入れて完成せよ．**2**，**3** はカルボカチオンに相当する．

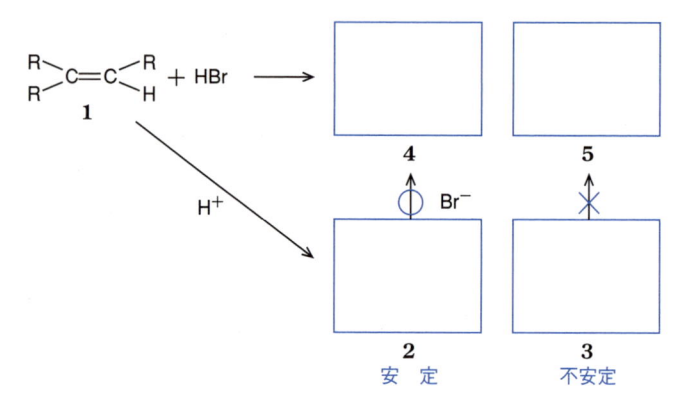

b) 過酸化物 ROOR の存在下で，a) の臭化水素付加反応を行った場合には，化合物 5 が生成する．この理由を簡単に説明せよ．

5・4

a) つぎの分子から HX が脱離したとき，生成物は 1 種類のみである．その生成物を示せ．

b) a) の出発物に塩基 B⁻ が作用して脱離反応を行ったとき，塩基の大きさによって生成物が異なる．① 大きな塩基，② 小さな塩基の場合に与える生成物をそれぞれ示せ．

5・5

a) 左に示すように，カルボニル基の隣にある α 炭素は求核性をもつ．その理由を簡単に説明せよ．

b) 下記の α 炭素上に水素をもつアルデヒド 2 分子が塩基触媒の存在下で，反応させたときの生成物を示せ．

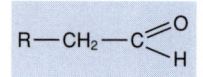

5・6

共役ジエンとアルケンからシクロヘキセン誘導体が生成する反応を**ディールス−アルダー反応**という.

a) ディールス−アルダー反応は,単結合に対してシス配座の共役ジエンでないと進行しない.この理由を簡単に説明せよ.

b) 下記はシクロペンタジエンと無水マレイン酸とのディールス−アルダー反応を示したものである.この場合,2種類の立体異性体をもつ生成物のうち,立体反発の大きいエンド体のほうが優先的に生成する.その理由を出発物同士の軌道間相互作用をもとに説明せよ.

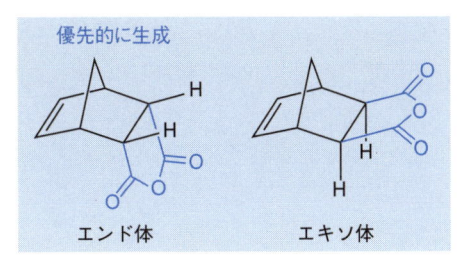

6 有機分子の合成

基本となる有機分子を出発として，さまざまな有機反応を行い，結合の生成と切断を繰返して部分構造（化学部品）を作製し，それらを組合わせることによって，目的の有機分子を手に入れることを**有機合成**という．有機合成では，合成経路を綿密に考えて行う必要がある．

有機分子を合成するときには，目的分子と構造の似た分子を入手することが大切である．場合によっては，その官能基を変換するだけで，さまざまな目的分子を得ることができる．たとえば，ベンゼンにフリーデル–クラフツ反応を行うことによってトルエンを得て，さらに酸化することによって安息香酸を合成したり，ベンゼンのニトロ化によってニトロベンゼンを得て，それを還元したりしてアニリンを合成する．

結合の生成と切断に関する方法については，5章の有機反応を参照．

官能基同士を反応させて，新しい有機分子へ変換することができる．たとえば，安息香酸とフェノールの間でエステル化を行えば，安息香酸フェニルが生成し，酢酸とエチルアミンの間でアミド化を行えば，N-エチルアセトアミドが生成する．

6. 有機分子の合成

[安息香酸 + フェノール → 安息香酸フェニル]

[酢酸 + エチルアミン → N-エチルアセトアミド]

　有機合成で決まっているのはゴール（望みの有機分子）だけである．そこで，望みの有機分子を手に入れるために，最良のスタート地点（原料）とルート（合成経路）を選ぶためのすぐれた戦略が必要となる．

　そのような戦略の一つに**逆合成解析**がある．合成したい分子があるとき，その分子 Z をどのような手段で合成するかが問題となる．このような場合には望みの分子を容易に与える分子 Y は何かを考えるとよい．Y がわかったら，つぎにそれを合成するための一段階前の分子は何か？と，つぎつぎとさかのぼって考え，原料 A を決める．

　そのほか，官能基の選択的な反応など，有機合成を効率的に行うためのさまざまな手段が開発されている．

　有機分子の合成では，大きく分けて三つの過程が重要となる．まず「実

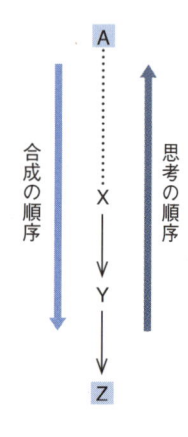

験計画」によって，望みの分子をどのように合成するかを考える．つぎに「合成反応」によって実際に計画したとおりに順番に分子を変換する．最後に「分子の精製」によって，得られた分子を純粋な形で取出す．これらの「合成反応」や「分子の精製」の過程では，多くの実験器具や合成装置を必要とする．

例題 6・1 官能基の変換

下記は官能基の変換による合成反応を示したものである．空欄を埋めて完成せよ．

a) 2 ニトロベンゼン + 12 HCl + 3 Sn ⟶ 2 ☐ + ☐ SnCl$_4$ + 4 ☐

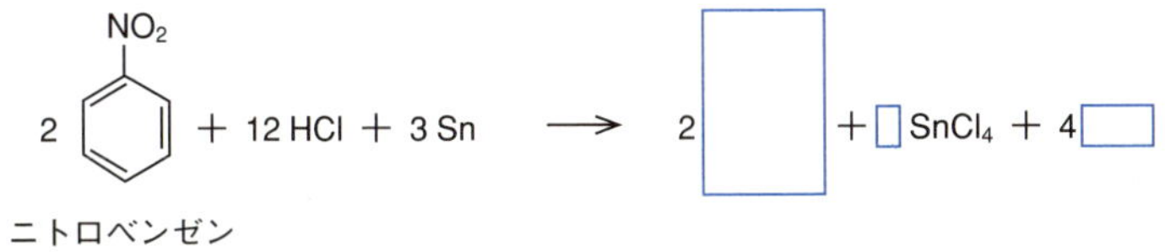

b) ベンゼンスルホン酸 →[NaOH] ☐ →[CO$_2$ / H$_2$O] ☐

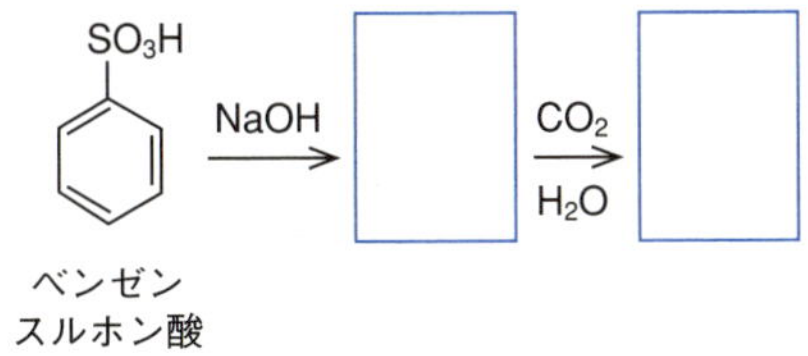

c) アニリン →[NaNO$_2$ / HCl] ☐ → (H$_3$O$^+$) ☐ 、 → ☐-CN 、 → (NH$_2$-C$_6$H$_5$) ☐ 、 → C$_6$H$_5$-N=N-C$_6$H$_4$-OH

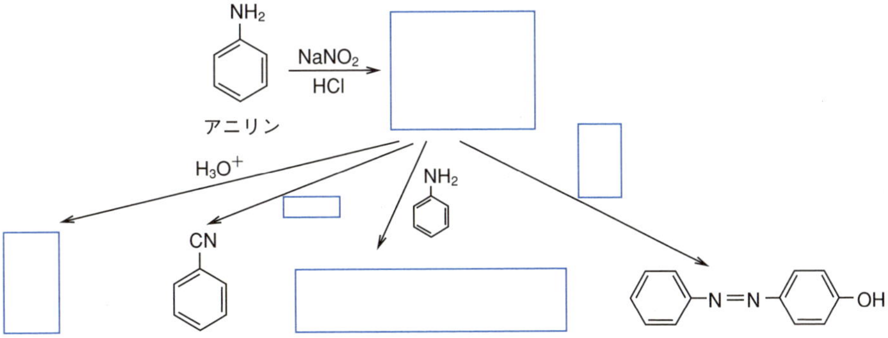

反応式の係数を自分で求めることは化学反応の量論的関係を理解するうえで，よい練習になる．

a)

$$2\,\text{C}_6\text{H}_5\text{NO}_2 + 12\,\text{HCl} + 3\,\text{Sn} \longrightarrow 2\,\text{C}_6\text{H}_5\text{NH}_2 + 3\,\text{SnCl}_4 + 4\,\text{H}_2\text{O}$$

（ニトロベンゼン）　　　　　　　　　　　　　（アニリン）

ニトロベンゼンに金属スズの存在下で塩酸を作用させると，ニトロ基 $-\text{NO}_2$ が還元されてアミノ基 $-\text{NH}_2$ に変換され，アニリンが生成する．

b)

ベンゼンスルホン酸 $\xrightarrow{\text{NaOH}}$ ナトリウムフェノキシド $\xrightarrow{\text{CO}_2}$ フェノール

ベンゼンスルホン酸を固体の水酸化ナトリウムとともに加熱すると，ナトリウムフェノキシドが生成する．さらに二酸化炭素を反応させると，フェノールになる．この反応ではスルホ基 $-\text{SO}_3\text{H}$ がヒドロキシ基 $-\text{OH}$ に変換されている．

c) 図 6・1 のようになる．

アニリン $\xrightarrow[\text{HCl}]{\text{NaNO}_2}$ 塩化ベンゼンジアゾニウム

生成物：
- H_3O^+ → フェノール
- CuCN → ベンゾニトリル
- アニリン（NH_2）→ p-アミノアゾベンゼン
- フェノール（OH）→ p-ヒドロキシアゾベンゼン

図 6・1　塩化ベンゼンジアゾニウムの反応

アニリンに亜硝酸ナトリウムと塩酸を作用させると，アミノ基がジアゾ

基に変換された塩化ベンゼンジアゾニウムが生成する．この化合物は各種ベンゼン誘導体の合成原料として有用である．

塩化ベンゼンジアゾニウムの行う重要な反応に，アゾ基 $-N=N-$ をもつアゾ化合物を合成する**カップリング反応**がある．アニリンを作用させると黄色を呈した p-アミノアゾベンゼン（アニリンイエロー），フェノールを作用させると赤色を呈した p-ヒドロキシアゾベンゼンが生成する．

これらの化合物は染料として用いられる．

****

例題 6・2 グリニャール反応

a) つぎの文はグリニャール（Grignard）反応について述べたものである．空欄に適当な語句を入れて完成せよ．

グリニャール試薬 RMgX はハロゲン化アルキル RX を乾燥 ① 溶媒中で金属マグネシウム Mg と反応させて合成する．RMgX は反応性が ② ，水や空気中の ③ と反応し， ④ する．そのため，不活性ガス雰囲気，無水の条件下で反応が行われる．

炭素のほうがマグネシウムよりも電気陰性度が ⑤ ために，RMgX のアルキル基 R の炭素部分は ⑥ に荷電し，マグネシウムは ⑦ に荷電する．そのため，RMgX は ⑧ して働き，ケトンやアルデヒドの ⑨ に荷電した ⑩ 炭素を攻撃することで，新たな ⑪ を形成することができる．

b) グリニャール試薬とアルデヒド，ケトンをそれぞれ反応させたとき，第何級のアルコールが生成するかをいえ．

c) 下記はグリニャール反応の例を示したものである．空欄を埋めて完成せよ．

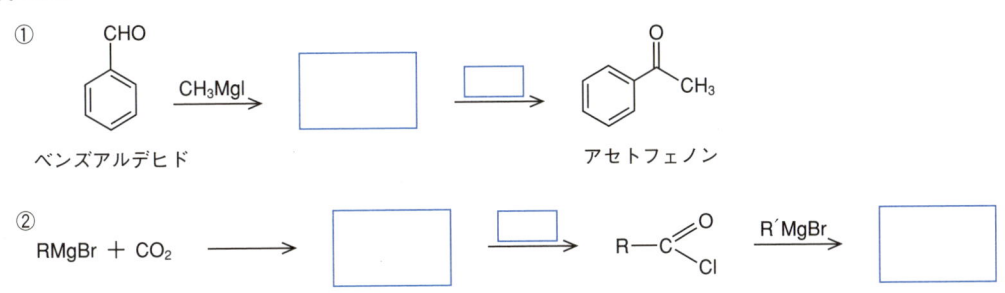

① ベンズアルデヒド $\xrightarrow{\text{CH}_3\text{MgI}}$ □ □ アセトフェノン

② $\text{RMgBr} + \text{CO}_2 \longrightarrow$ □ □ $\text{R}-\underset{\text{Cl}}{\overset{\text{O}}{\text{C}}}$ $\xrightarrow{\text{R'MgBr}}$ □

解答

a) ① エーテル，② 高く，③ 酸素，④ 分解，⑤ 大きい，⑥ マイナス，⑦ プラス，⑧ 求核試薬，⑨ プラス，⑩ カルボニル，⑪ C−C 結合

b) アルデヒドからは第二級アルコール，ケトンからは第三級アルコールが生成する．

溶媒にエーテルを使用するのは，エーテル自身の反応性が低いことと，エーテルの酸素の非共有電子対がマグネシウムに配位して安定化させる働きがあるためである．

ホルムアルデヒドからは第一級アルコールが生成する．

$$R-CHO + R'-MgX \longrightarrow R-\underset{H}{\overset{R'}{C}}-OMgX \xrightarrow{H_2O} R-\underset{H}{\overset{R'}{C}}H-OH$$
アルデヒド　グリニャール試薬　　　　　　　　　　第二級アルコール

$$R_2C=O + R'-MgX \longrightarrow \underset{R}{\overset{R}{C}}\underset{OH}{\overset{R'}{}}$$
ケトン　　　　　　　　　　第三級アルコール

c)

① ベンズアルデヒド $\xrightarrow{CH_3MgI}$ 1-フェニルエタノール $\xrightarrow{\text{たとえば } CrO_3, H^+}$ アセトフェノン

アセトフェノンはケトンの一種であり，フェニル基とメチル基がカルボニル基で結ばれた構造をもつ．

ベンズアルデヒドからグリニャール反応で得られたアルコールを酸化剤，たとえばクロム酸 CrO_3 などで酸化することで，アセトフェノンを合成することができる．

② $RMgBr + CO_2 \longrightarrow R-COOH \xrightarrow{SOCl_2} R-COCl \xrightarrow{R'MgBr} \underset{R'}{\overset{R}{C}}(R')-OH$

グリニャール試薬をドライアイス（固体 CO_2）上に注ぐとカルボン酸ができる．さらにカルボン酸に塩化チオニル $SOCl_2$ などを反応させるとカルボン酸塩化物が生成し，これにグリニャール試薬を反応させると第三級アルコールになる．

例題 6・3　不飽和結合の導入と変換

a) 下記は二重結合，三重結合を導入する反応を示したものである．空欄を埋めて完成せよ．

R—CH₂—CH₂—Br $\xrightarrow{-HBr}$ ☐ $\xrightarrow{\ \ \ }$ R—CHBr—CH₂Br (structure with H, Br, Br, H) $\xrightarrow{-2HBr}$ ☐

b) 下記はウィッティッヒ (Wittig) 反応について示したものである．空欄を埋めて完成せよ．

シクロヘキサノン + ☐ ⟶ ☐ + $(C_6H_5)_3P=O$

解答

a)

R—CH₂—CH₂—Br $\xrightarrow{-HBr}$ R—CH=CH₂ $\xrightarrow{Br_2}$ R—CHBr—CH₂Br $\xrightarrow{-2HBr}$ R—C≡C—H

アルキル臭化物を脱離反応すると臭化水素が脱離し，二重結合が導入されてアルケンが生成する．さらに，このアルケンに臭素を付加させると二臭化物となる．これから 2 分子の臭化水素を脱離させると，三重結合が導入されてアルキンが生成する．

二重結合は高い反応性をもち，酸化反応，付加反応，環状付加反応を行うことができ，例題のように三重結合になることもできる．つまり，原料の化合物に二重結合を導入することができれば，それを用いてさらにいくつかの新規分子を合成することができる．

b)

シクロヘキサノン + $(C_6H_5)_3P=CH_2$ (ホスホニウムイリド) ⟶ メチレンシクロヘキサン + $(C_6H_5)_3P=O$ (トリフェニルホスフィンオキシド)

ウィッティッヒ反応はアルデヒドやケトンのカルボニル基 C=O を C=C 結合に変換して，アルケンを合成するための有用な方法である．ホスホニウムイリド $(C_6H_5)_3PCH_2$ が C=O 基の炭素に求核付加することで，最終

ホスホニウムイリドは $(C_6H_5)_3\overset{+}{P}-\overset{-}{CH_2}$ のように隣接原子上にプラスとマイナスの電荷をもつ化合物である．

116　6. 有機分子の合成

的にアルケンとトリフェニルホスフィンオキシド $(C_6H_5)_3P=O$ が生成する．

例題 6・4　逆合成解析

a)　下記のアセトアニリドを合成するために必要な原料を考えてみよう．

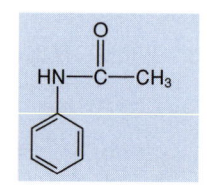

b)　下記はオレンジIIの逆合成を示したものである．空欄を埋めて完成せよ．

逆合成の矢印は⇒で表し，A⇒BではBからAをつくることができることを意味する．

解答

a)　図 6・2 のようになる．

　アセトアニリドは解熱鎮痛剤として使われる医薬品である．構造式を見ると，アセトアニリドはアミドであることがわかる．したがって，カルボン酸とアミンの反応で合成ができる．この原料となるカルボン酸とアミンは酢酸とアニリンとなる．また，アニリンは原料として用いることができるほど単純な化合物であるが，ニトロベンゼンの還元で合成することができ，ニトロベンゼンはベンゼンに硝酸を作用させて合成することができる．

図 6・2　アセトアニリドの逆合成

b) 図 6・3 のようになる．

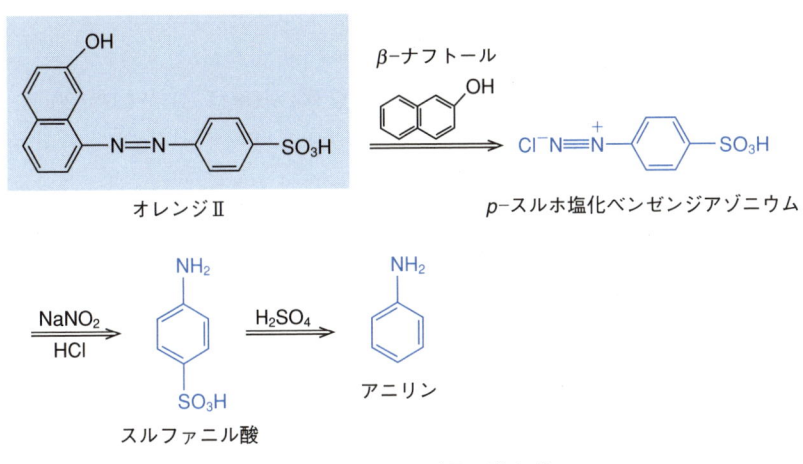

図 6・3　オレンジⅡの逆合成

　オレンジⅡはアゾ化合物の一種であり，その合成はジアゾニウム塩のカップリング反応によって行う．ジアゾニウム塩の合成はスルファニル酸に亜硝酸ナトリウムと塩酸を作用させて合成する．スルファニル酸はアニリンと硫酸の反応で合成できる．

例題 6・5　効率的な合成経路

a) 合成経路 ① と ② では全体の収率が高いのはどちらか．① 6 段階，各段階の収率 80 %，② 3 段階，各段階の収率 70 %

b) 逆合成解析を行うとき目的の分子 A−B−C−D−E を，i) のように小さな単位で片方から切断する方法と，ii) のように大きく分割して，それぞれをさらに細かく切断する方法では全体の収率が高いのはどちらか．各段階の収率を 70 % とする．

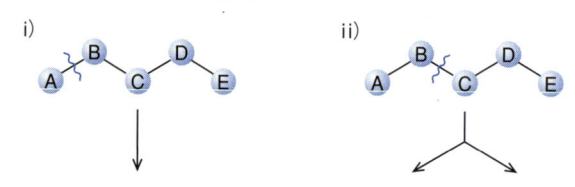

i) A−B−C−D−E （B−C間で切断）

ii) A−B−C−D−E （C−D間で切断）

解答

有機合成は何段階にもわたる反応を経て達成されることが多い．したがって，各段階の収率がどんなによくても，繰返し行われると，全体の収率が低下する．

a) 全体の収率は ② のほうが高い．全体の収率は ① が $0.8^6 = 26$ %，② が $0.7^3 = 34$ % となる．

b) 全体の収率は ii) のほうが高い．図に示すように，i) は 4 段階の反応が必要であり，全体の収率は $0.7^4 = 24$ % となる．一方，ii) は最も長い経路でも 3 段階であるので，全体の収率は $0.7^3 = 35$ % となる．

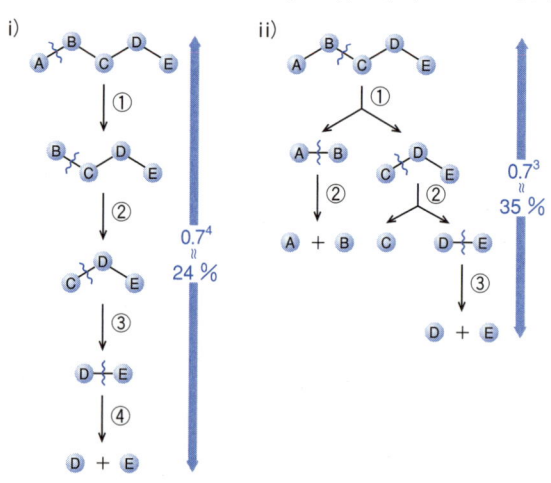

☆☆

例題 6・6　官能基の選択的反応

下記の分子 **1** における官能基の選択的反応について考えてみよう．

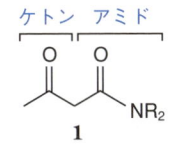

a)　分子 **1** からケトン部分の C=O 基のみを還元させて，分子 **2** のみを得るにはどのようにしたらよいだろうか？　還元剤として手元には NaBH$_4$ と LiAlH$_4$ がある．

b)　分子 **1** のアミド部分の C=O のみを還元させて，分子 **3** のみを得るにはどのようにしたらよいだろうか？

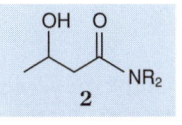

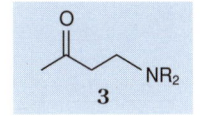

解　答

a)　還元剤に NaBH$_4$ を使用すると，分子 **2** のみが得られる（図 6・4 の①）．C=O 基をもつ分子の求核試薬に対する反応性は図 6・4 の②に示したようになり，還元剤に対する反応性もその種類によって違いが現れ

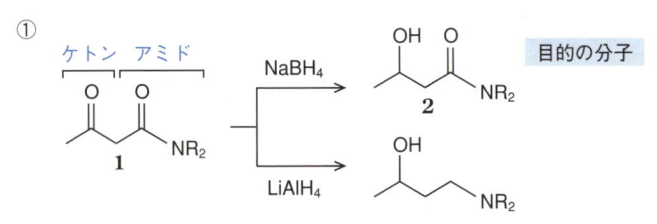

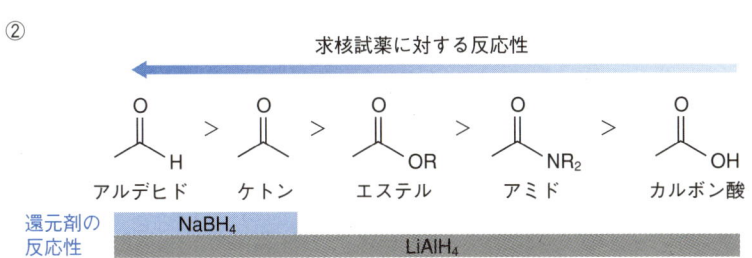

図 6・4　還元剤による官能基の選択的反応

120   6. 有機分子の合成

る．ここで，強い還元剤である LiAlH₄ を使用するとケトン部分とアミド部分の両方が還元された分子が生成する．一方，より穏和な還元剤である NaBH₄ を使用すれば，図からわかるようにケトン部分のみが還元され分子 **2** が生成する．

> カルボニル基に対する保護基はよく利用される．

b)　a) とは逆に，反応性の低いほうの官能基に反応を行う場合，**保護基**を用いる方法が有用である．図 6・5 に示すように，分子 **1** にエチレングリコール **4** を作用させると，反応性の高いケトン部分のみが反応してアセタール **5** になり，これが保護基となる．さらに，**5** を還元すると，ケトン部分の C=O は保護されているので，反応性の低いアミド部分のみが還元されて **6** のみが生じる．最後に，アセタールを酸水溶液中でケトンに変換すれば，目的の分子 **3** が得られる．

> アセタールはグリニャール試薬のような塩基性の高い求核試薬に対して安定である．

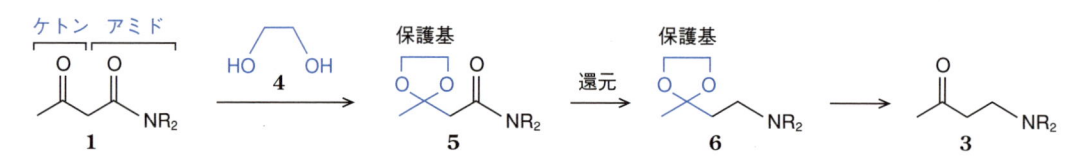

図 6・5　保護基を利用した官能基の選択的反応

例題 6・7　有機合成の実際

a)　スルファニル酸を合成しよう．合成手順はつぎの通りである．

まず，試験管に濃硫酸 1.5 mL を入れ，そこへアニリン 1 mL を加える．混合物を 180〜190 ℃ で 2 時間加熱した後，冷却して水 5 mL を加える．撹拌すると結晶が析出する．漏斗を使って結晶をろ過して乾燥する．

実際に合成しているつもりになって，下図の空欄を埋めよ．

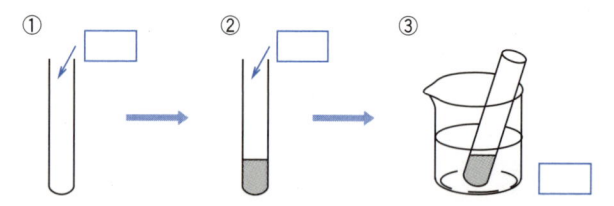

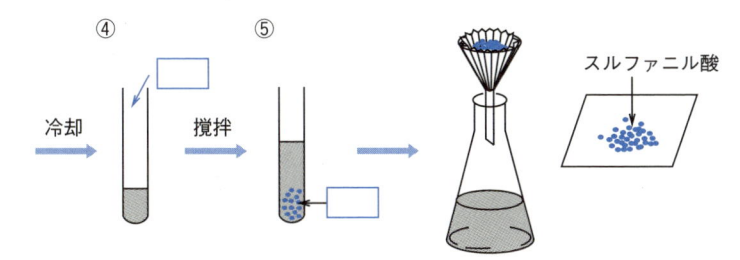

b) 下記の各図を設問 a) の図のように並べ替えて，ジアゾニウム塩の合成手順を示せ．

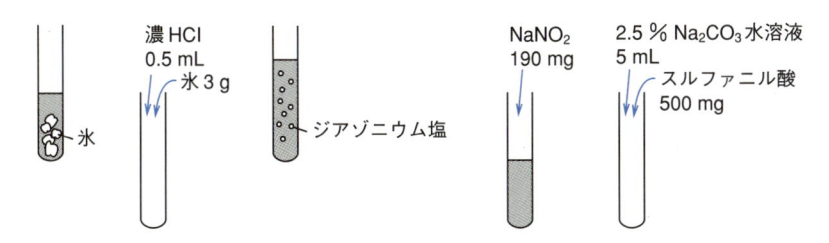

解答

a) ① 濃硫酸 1.5 mL, ② アニリン 1 mL, ③ 180〜190 ℃で 2 時間加熱, ④ 水 5 mL, ⑤ 結晶

b) 図 6・6 のようになる．

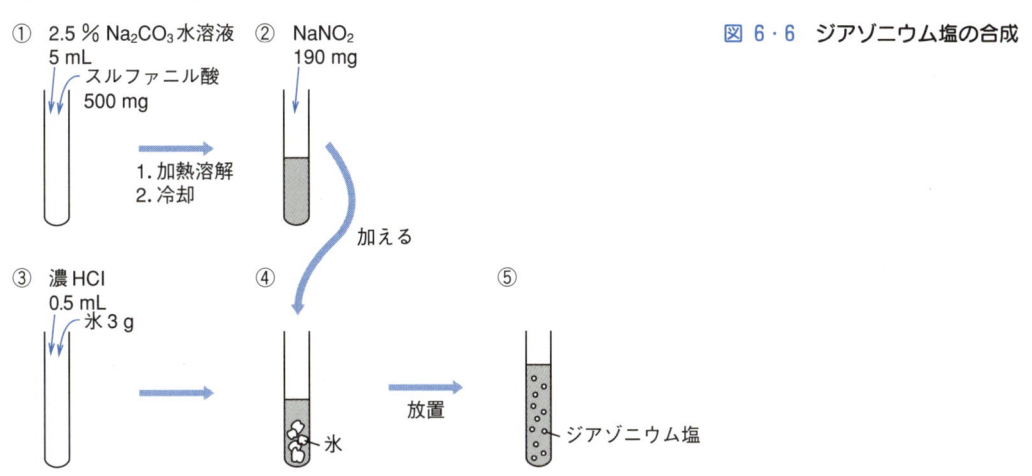

図 6・6 ジアゾニウム塩の合成

① 試験管に2.5％炭酸ナトリウム水溶液5 mLとスルファニル酸の結晶500 mgを入れ，加熱して溶かした後，氷水で冷却する．② この溶液に亜硝酸ナトリウム190 mgを溶かす．③ 別の試験管に濃塩酸0.5 mLと氷3 gを入れる．④ この混合物に，先の②のスルファニル酸と亜硝酸ナトリウムを混合した溶液を加える．⑤ 1，2分放置するとジアゾニウム塩の白い結晶が析出する．

****

例題6・8 合成操作

a) 抽出に関する文および図の空欄を埋めて完成せよ．

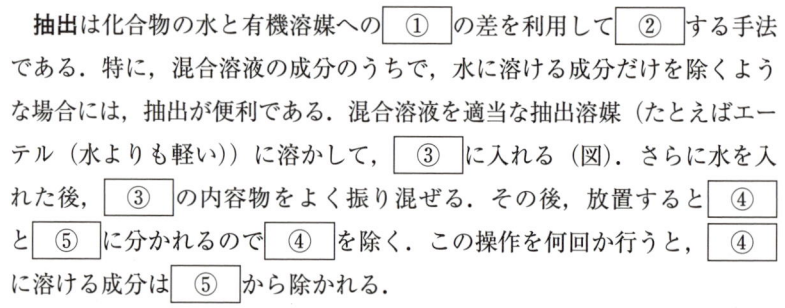

抽出は化合物の水と有機溶媒への ① の差を利用して ② する手法である．特に，混合溶液の成分のうちで，水に溶ける成分だけを除くような場合には，抽出が便利である．混合溶液を適当な抽出溶媒（たとえばエーテル（水よりも軽い））に溶かして， ③ に入れる（図）．さらに水を入れた後， ③ の内容物をよく振り混ぜる．その後，放置すると ④ と ⑤ に分かれるので ④ を除く．この操作を何回か行うと， ④ に溶ける成分は ⑤ から除かれる．

b) 図に示したろ過鐘という装置を用いて，求引ろ過を行う操作について簡単に説明せよ．

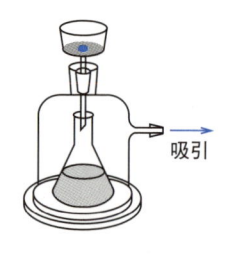

c) つぎの文は，合成実験後に得られた化合物を精製するための蒸留操作に関するものである．空欄を埋めて完成せよ．

蒸留に用いる最も基本的な装置は図のようなものである．蒸留したい溶液は，① の A に入れる．ここには， B を入れておく．① をホッティングスターラーで暖めた C を用いて加熱する．化合物の D に達すると気体が発生し，② の部分を通って③の温度計に達した後，④の

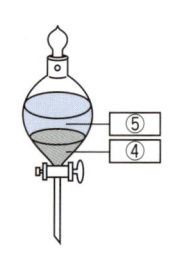

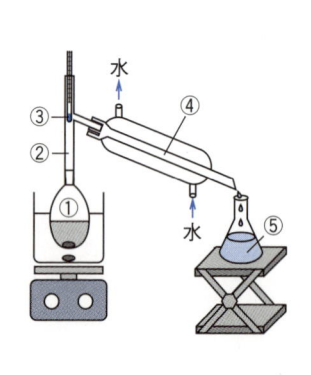

E に到達する．気体は ④ を通過するうちに F されて液体となる．その液体は ⑤ の容器によって受ける．気体の成分が変わると，温度計が示す気体の温度が変わるから，⑤ の容器を別の容器に変えて液体を分離する．

d) 再結晶による精製ついて簡単に説明せよ．

解 答

a) ① 溶解度，② 分離，③ 分液漏斗，④ 水相，⑤ エーテル相（有機相）

抽出溶媒には目的物の溶解度が大きく，除去したい物質の溶解度が低い溶媒を選択するとよい．エーテルを抽出溶媒として用いた場合は，水よりも比重が小さいため，上に有機相，下に水相となるが，水よりも比重の大きな溶媒を用いると，有機相と水相の上下関係は逆転する．

b) ろ過鐘を吸引装置につなぎ，中に適当な容器（三角フラスコなど）を入れる．ろ過鐘に適当な大きさの漏斗を接続し，漏斗には規格の合ったろ紙を置く．結晶を含んだ溶液を静かに漏斗に注ぐと，溶液はろ過鐘内の容器に入り，漏斗上には結晶だけが残る．

c) A：ナス型フラスコ，B：回転子，C：油浴，D：沸点，E：リービッヒ冷却器，F：冷却

蒸留とは，物質の沸点の違いを利用して目的化合物を混合物から分離する手法である．この問題の装置は最も簡単な蒸留機器であり，大気圧下で蒸留を行う（常圧蒸留）ものであるが，真空ポンプで排気し減圧下で蒸留を行う減圧蒸留も広く用いられる．

d) **再結晶**とは，目的化合物と不純物の間の溶解度や結晶化速度の差を利用して精製する方法である．通常は，加熱した溶液を静置してゆっくり冷却すると，純粋な結晶が得られる．再結晶に用いる溶媒は目的化合物や不純物と反応せず，不純物をよく溶解する溶媒がよい．また，通常は加熱して目的化合物と不純物を溶解させ，冷却して結晶を析出させるため，過熱時と冷却時で溶解度が大きく異なる溶媒の使用が好ましい．

ろ過には，析出した結晶または沈殿を母液から分離して取出すのを目的とする場合と溶液中にある不要な固体または浮遊物を除去する場合がある．また，求引ろ過のほかに，ひだを付けたろ紙を用いて，自然ろ過（例題 6・7a）のスルファニル酸の合成の図参照）する場合もある．

練 習 問 題

6・1

a) つぎの合成反応について，空欄を埋めて完成せよ．

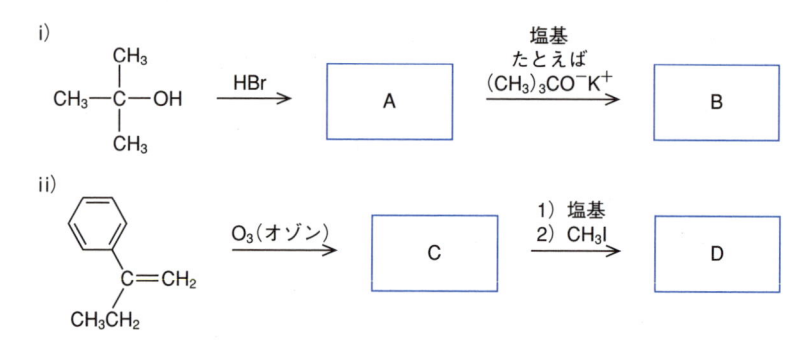

i) (CH₃)₃C-OH → [HBr] → A → [塩基 たとえば (CH₃)₃CO⁻K⁺] → B

ii) PhC(CH₂CH₃)=CH₂ → [O₃(オゾン)] → C → [1) 塩基 2) CH₃I] → D

b) スチレンを出発物としたアセトフェノンの合成反応について，空欄を埋めて完成せよ．

スチレン → [A] → PhCHBr-CH₂Br → [−2HBr] → B → [H₂O] → アセトフェノン (PhCOCH₃)

6・2

つぎの原料から目的分子を合成するために必要な反応を記せ．

① HO−CH₂−CH₂−CH₂−Br およひ H−C(=O)−Ph ⟶ HO−CH₂−CH₂−CH₂−CH(OH)−Ph

② H−C(=O)−CH₂−CH₂−Br およひ H−C(=O)−Ph ⟶ H−C(=O)−CH₂−CH₂−CH(OH)−Ph

6・3

a) 3-ヘキサノールの合成の逆合成解析を行え．

$$CH_3CH_2-\underset{\underset{CH_3}{|}}{\overset{\overset{OH}{|}}{C}}-CH_2CH_2CH_3$$

b) 分子①，②を最も効率的に合成する方法を示せ．

① $CH_3-\underset{\underset{H}{|}}{\overset{\overset{OH}{|}}{C}}-CH_2-\overset{\overset{O}{\|}}{C}-H$

② $Ph-\underset{\underset{CH_3}{|}}{\overset{\overset{OH}{|}}{C}}-CH_2-\overset{\overset{O}{\|}}{C}-Ph$

6・4

a) トルエンから① *m*-ブロモ安息香酸，② *p*-ブロモ安息香酸を，臭素化と酸化（酸化剤 KMnO$_4$）の二つの反応を用いて合成する方法について簡単に説明せよ．

b) アニリンから *p*-ニトロアニリンを，混酸（硝酸＋硫酸）を用いたニトロ化によって合成する方法について簡単に説明せよ．

6・5

つぎの文と図はグリニャール反応について説明したものである．空欄を埋めて完成せよ．

グリニャール試薬は ① や水分によって ② する．そのため反応装置では，内容物が ③ にふれないように気密性を保つように組立てられている．反応容器には ④ を用い，そこに温度計， ⑤ ， ⑥ が接続してある．

最初に， ④ に溶媒と ⑦ を入れ， ⑥ からハロゲン化物を注ぎ，グリニャール試薬を調整する．ついで， ⑥ にカルボニル化合物を入れ， ④ 中に滴下して ⑧ と反応させる．最後に，滴下漏斗から ⑨ を加えて，反応物を分解し，目的の生成物を単離する．

このように，1個の ⑩ につぎつぎと試薬を入れて行う反応を ⑪

126   6. 有機分子の合成

という．

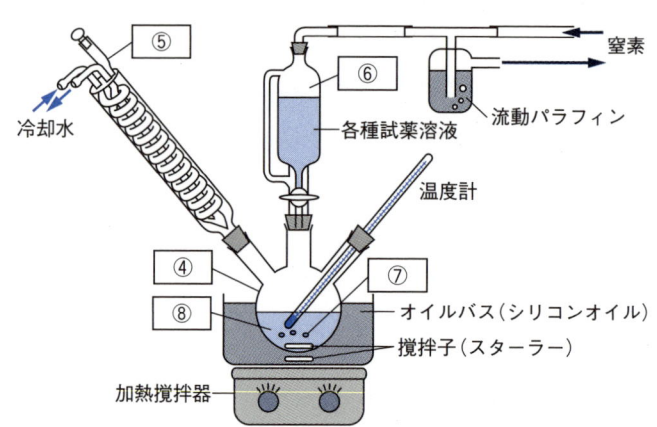

練習問題の解答

1章
1・1
a) 正しい文はつぎのとおりである．　は誤りを訂正した箇所．

原子核はプラスに荷電した陽子と，電気的に中性な 中性子 からなる．したがって，原子核の電荷数は陽子の個数に等しい．この陽子の個数を 原子番号 という．また，陽子と 中性子 の質量はほぼ等しく，これらの個数を合わせたものを 質量数 という．原子の種類は元素記号を用いて表される．さらに，図1参照．

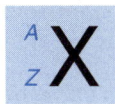

$${}^{A}_{Z}X$$

X：元素記号
Z：原子番号 ＝ 陽子数
A：質量数 ＝ 陽子数 ＋ 中性子数

図1

b) ① 陽子，② 中性子，③ 1，④ 原子番号（陽子数），⑤ 1，⑥ 重水素，⑦ 2．

c) 炭素の同位体は3種類ある．中性子が6個の $^{12}_{6}C$，中性子が7個の $^{13}_{6}C$，中性子が8個の $^{14}_{6}C$ である．これらの同位体存在比には大きな差があり，そのほとんどを $^{12}_{6}C$ が占める．表1参照．

表1

同位体	$^{12}_{6}C$	$^{13}_{6}C$	$^{14}_{6}C$
陽子数	6	6	6
中性子数	12	13	14
存在比	98.9	1.1	～0

1・2
a) 結合電子は結合する2個の原子核の間に存在する．そのため，プラスに荷電した原子核と，マイナスに荷電した電子の間に静電引力が働く．すなわち，結合電子が2個の原子核を結び付ける糊の役割を果たしている．

b) 表2参照．

表2

原子	H	C	O	N	F	Cl
不対電子数	1	4	2	3	1	1
結合手	1	4	2	3	1	1

不対電子の数と結合手の数は一致する．各原子の不対電子の数は例題1・2(a)の解答を参照せよ．ただし，炭素原子は混成状態をとるので不対電子と結合手の数は4になる．

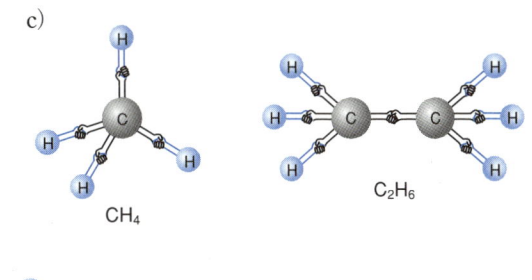

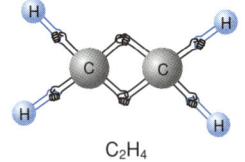

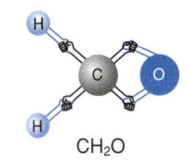

c)

CH$_4$

C$_2$H$_6$

C$_2$H$_4$

CH$_2$O

1・3

a) ① 電気陰性度, ② 3.5, ③ 2.1, ④ 酸素, ⑤ マイナス, ⑥ プラス, ⑦ 静電引力.

b) メタンを構成する水素と炭素の電気陰性度にほとんど差がないため, メタン分子には電荷の偏りが少なく, メタン分子の間には水素結合は働かない. 一方, 水分子を構成する水素と酸素の電気陰性度の差は大きいため, 水分子間には水素結合が働き, この水素結合を切断するのに, 大きなエネルギーを必要とする. このため, 水の沸点や融点がメタンと比べて異常に高くなる.

補足 メタンの沸点は−164 ℃, 融点は−182.5 ℃である.

c) 炭素の電気陰性度が2.5, 酸素の電気陰性度が3.5であり, 両原子間の電気陰性度に差があるため, C−OやC=O結合では, 酸素はいくぶんマイナスに, 炭素はいくぶんプラスに荷電する. この結果, 酢酸2分子の間に水素結合が働き, 二量体を形成する.

d) 図2に示すように, DNAは二つの長い鎖状分子が寄り合わさってできた"二重らせん"構造をもつ. この二重らせんの形成に水素結合が大きな役割を果たしている. 鎖状分子は基本鎖部分とアデニン (A), グアニン(G), シトシン(C), チミン(T) とよばれる4種類の塩基からなっている. これらの塩基には相性があり, AとT, GとC同士が水素結合によって結び付いている.

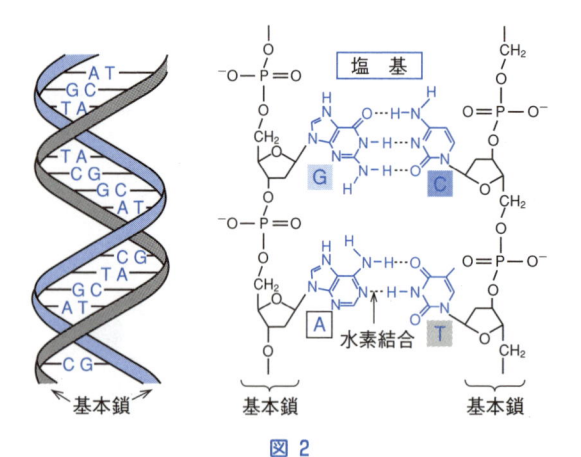

1・4

a) ① 中性, ② 電気陰性度, ③ 静電引力, ④ 無極性分子, ⑤ 誘起双極子, ⑥ 原子核, ⑦ 電荷, ⑧ 分散力

b)

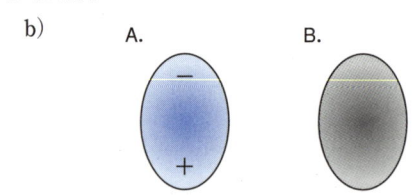

c) 分子表面の荷電した部分同士が相互作用することでファン デル ワールス力が働く. そのため, 図3に示すように, 直鎖アルカンのほうが枝分かれアルカンよりも表面積が大きいために, 分子間に働くファン デル ワールス力は強くなる. その結果, 分子間力を切断するために必要なエネルギーは大きくなり, 沸点は高くなる.

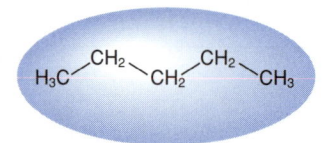

直鎖状の構造をもつ分子は表面積が大きく相互作用も大きい

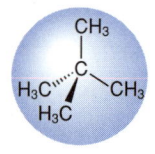

枝分かれした構造をもつ分子は表面積が小さく相互作用も小さい

図3

1・5

a) 図4参照.

図2

練習問題の解答 129

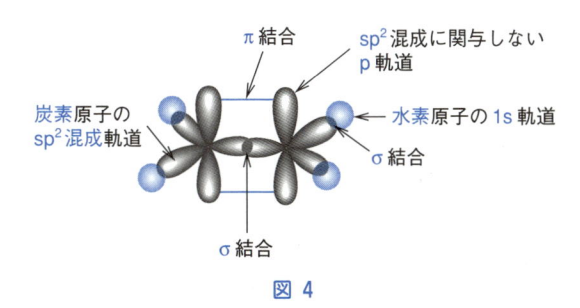

π結合
sp²混成に関与しないp軌道
炭素原子のsp²混成軌道
水素原子の1s軌道
σ結合
σ結合

図4

b) p軌道の様子を図5に示した．

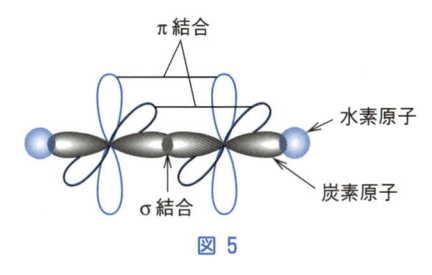

π結合
水素原子
炭素原子
σ結合

図5

炭素原子間には，sp混成軌道によるσ結合，およびsp混成軌道に関与しない炭素原子の二つのp軌道によって二つのπ結合が形成される．よって，アセチレンの炭素原子間の結合は三重結合となる．

アセチレンでは二つのπ結合は結合軸（分子軸）のまわりに，円筒状に存在する．

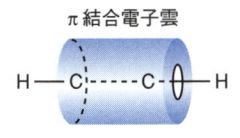

π結合電子雲
H—C≡C—H

1・6

a) 例題1・8の解答にある図1・11に示すように，ブタジエンでは四つのp軌道により三つのπ結合がつくられる．構造式AではC₂-C₃間のπ結合が表現されていない．一方，構造式BではC₂-C₃間のπ結合は表現されている．しかし，炭素の結合手は4本であるにもかかわらず，C₂, C₃に関する結合手は5本あり，これはおかしいことになる．

b) 共役二重結合は単結合と二重結合の中間的な結合であり，π結合は一箇所にとどまっているというのではなく，共役系全体に広がっている．このようなπ結合を非局在π結合という．

補足 非局在π結合を反映して構造式を書くと，以下のようになる．

H₂C–CH–CH–CH₂

このことを理解したうえで，ブタジエンの構造式は一般に構造式Aで表す約束になっている．

1・7

環に二重結合を一つもつシクロヘキセン C_6H_{10} の水素化熱は 119.6 kJ/mol である．ベンゼンが三つの独立した二重結合をもつケクレ構造（シクロヘキサトリエン）であるとすれば，水素化によってシクロヘキサン C_6H_{12} になるには，3倍の水素化熱 358.8 kJ/mol が必要になるはずである．ところがベンゼンの実際の水素化熱は 208.4 kJ/mol であり，予想より 150.4 kJ/mol だけ少ない．すなわち，実際のベンゼンはケクレ構造より，150.4 kJ/mol だけ安定であることがわかる．

以上の結果から，ベンゼンのように共役二重結合をもつ分子は，シクロヘキセンのように孤立した二重結合をもつ分子に比べて安定であるといえる．

1・8

a) 正しい文はつぎのとおりである．　　は誤りを訂正した箇所．

ピリジンの窒素ではp軌道と二つの sp² 混成軌道を 不対電子 が占め，残る一つの sp² 混成軌道を 非共有電子対 が占める．すなわち，ピリジンの共役二重結合を構成する五つの炭素p軌道と，一つの窒素p軌道の合わせて六つのp軌道にはそれぞれ 1 個ずつ，合計 6 個の電子が入る．この結果，ピリジンは (4n+2) 個（nは整数）のπ電子をもつことになり，芳香

族化合物となる．

補足 環状共役系に含まれる電子の数が $(4n+2)$ 個（n は整数）であるとき，その分子は芳香族性をもつ．この条件を**ヒュッケル則**という．

b) ピロールの電子配置と結合状態は図6のようになる．

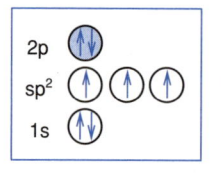

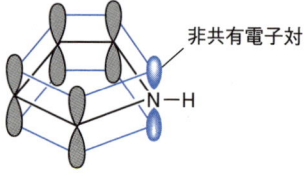

図 6

ピロールの共役二重結合を構成する p 軌道は，四つの炭素 p 軌道と一つの窒素 p 軌道の合わせて五つである．ピロールの窒素もピリジンの窒素と同様に sp^2 混成であり，三つの sp^2 混成軌道にはすべて1個の電子が入り，非共有電子対は p 軌道に入る．この結果，ピロールの環内には炭素 p 軌道の4個の電子と，窒素 p 軌道の非共有電子対の2個の電子，合計6個となる．このため，ピロールは $(4n+2)$（この場合 $n=1$）個も電子をもち，芳香族化合物となる．

2 章
2・1

a) ポイント：骨格構造式では線の端にも炭素原子が存在する．まず，主炭素骨格を書いてみよう．また，炭素は四つ，水素は一つの結合手をもつ．

2・2

① 2,3-ジメチルペンタン，② 2,4-ジメチルペンタン，③ 3,3-ジメチルペンタン，④ 3-エチルペンタン，⑤ 3-メチル-1,3-ヘプタジエン，⑥ 3-ペンテン-1-イン，⑦ メチルシクロペンタン，⑧ 3-エチルシクロヘキセン．

⑤ 最も長い炭素骨格の炭素数は7であり，二つの二重結合を含むので，母体名はヘプタジエンとなる．二重結合の位置番号は最小になるように付けると，メチル基は C_3 に結合していることになる．

⑥ 二重結合と三重結合をもつ直鎖炭化水素は -enyne（エンイン）などの接尾語を付ける．最初の多重結合に近い末端炭素の位置番号を1とする．ただし，二重結合と三重結合が同じ場合は，二重結合に最小の位置番号を付ける．

⑦ 環状アルカンでは，アルカン名の前に接頭語のcyclo-（シクロ）を付ける．

⑧ 環状アルケンでは，アルケン名の前にシクロを付ける．二重結合は位置番号1と2の間にあるとし，最初の置換基が最小の位置番号になるようにする．

2・3

a) ① 3-ブロモ-1-クロロ-4-メチルペンタン，② 4-フェニル-2-ペンタノール，③ 2-エチル-5-メチルヘキサナール，④ 5-ヘキセン-2-オン，⑤ 1-ブロモ-3-クロロベンゼン（m-ブロモクロロベンゼン），⑥ 2,5-ジクロロフェノール．

① 異なるハロゲンが存在する場合は，アルファベット順に並べる．ブロモは bromo，クロロは chloro であるので，ブロモがクロロより前になる．

② アルコールの場合，-OH 基を含む最も長い炭素骨格を選び，相当するアルカンの末尾-e を -ol（オール）に変える．-OH 基に近い末端炭素の位置番号を1とする．⌬—はフェニル基である．

③ アルデヒドの場合，-CHO 基を含む最も長い炭素骨格を選び，相当するアルカンの末尾-e を -al（アール）に変える．-CHO 基の炭素の位置番号を1とする．この分子において最も長い炭素骨格はヘプタンであるが，これは -CHO 基を含まないことに注意せよ．

④ 炭素骨格に二重結合を含むので，母体名はヘキセンとなる．ケトンの接尾語は -on（オン）である．C=O 基の炭素に近い末端炭素の位置番号を1とし，二重結合の位置は炭素原子の位置番号が最も小さくなるように表す．

⑤ 二置換芳香族化合物では，主となる置換基が付いた炭素の位置番号を1とし，もう一方の置換基がC_2 に結合しているものをオルト（o-）体，C_3 に結合しているものをメタ（m-）体，C_4 に結合しているものをパラ（p-）体という．

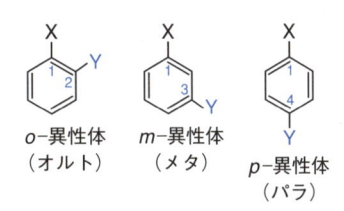

⑥ 慣用名をもつ一置換芳香族化合物は母体名として用いることができるので，この場合はフェノールが母体名となる．-OH 基の結合した炭素の位置番号を1とし，その他の置換基の位置番号は合計が最も小さ

くなるようにする．よって，3,6-ジクロロフェノールとはならない．

b) 分子式 C_3H_6O をもつ分子は 9 種類ある．

① CH_3CH_2CHO ② CH_3CCH_3 (=O)

③ $CH_2=CHCH_2-OH$, $CH_3CH=CH-OH$, $CH_3C(OH)=CH_2$, $CH_2-CH-OH$ (CH_2 エポキシ)

④ $CH_2=CH-O-CH_3$, エポキシ $CH_2-CH-CH_3$ (O), オキセタン

ンは安定化する．この場合，F は Cl よりも電気陰性度が大きいので，さらに電子求引性が強くなり，より強い酸となる．

d)
① $Cl_3CCOOH > Cl_2CHCOOH > ClCH_2COOH$
 pK_a 0.7   1.3   2.7

電子求引基である Cl の数が多いほど，強い酸になる．

②
$CH_3CH_2CHCOOH > CH_3CHCH_2COOH > CH_2CH_2CH_2COOH$
       | | |
       Cl   Cl   Cl
pK_a 3.9   4.0   4.5

置換基の効果は，塩素原子がカルボキシ基から離れるほど小さくなる．つまり，塩素原子がカルボキシ基に近い位置にあるほど，酸の強さは強くなる．

2・4

a) ① 水素イオン，② H_3O^+，③ A^-，
④ $\dfrac{[H_3O^+][A^-]}{[HA]}$，⑤ 大きい，⑥ $-\log K_a$，
⑦ 小さい，⑧ 電気陰性度

b) カルボン酸では $RCOO^-$ が下記の共鳴により安定化するが，アルコールの RO^- では共鳴による安定化がない．

$R-C(=O)(O^-) \rightleftharpoons R-C(-O^-)(=O)$

この結果，カルボン酸はアルコールに比べて著しく強い酸になる．たとえば，酢酸 CH_3COOH の pK_a は 4.6 程度，メタノールの pK_a は 16 程度となっている．

c) 酸の強さ：$FCH_2COOH > ClCH_2COOH$．カルボン酸アニオン XCH_2COO^- の負電荷が安定であれば，酸の強さは強くなる．電子求引基であるハロゲン原子が付くと電子がハロゲン原子のほうに引き寄せられ，負電荷がさらに非局在化するため，カルボン酸アニオ

3 章

3・1

a) 分子式 $C_5H_{10}O$ をもつアルデヒドの構造異性体は 4 種類ある．

$CH_3CH_2CH_2CH_2CHO$

$CH_3-C(CH_3)(CH_3)-CHO$

CH_3CHCH_2CHO (|CH_3)

$CH_3CHCH_2CH_3$ (|CHO)

b) 分子式 C_4H_8 をもち，二重結合を有する構造異性体は 3 種類ある．

1: $H_2C=CH-CH_2-CH_3$
2: $CH_3-CH=CH-CH_3$

さらに，分子 **2** にはシス-トランス異性体が存在する．

c) 下記のように，ケト形 **1** はアセトンであり，カルボニル基 C=O をもつケトン誘導体である．一方，エノール形 **2** は二重結合にヒドロキシ基 -OH が付いたアルコールである．

ケト形とエノール形は相互変換できるが，この場合はケト形のほうが安定であるので，平衡はケト形のほうに大きく片寄っている．つまり，ある瞬間はケト形になり，ある瞬間はエノール形になるが，この場合はほとんどすべての時間はケト形で存在する．

3・2

a) ① 半いす形，② 遷移，③ 不安定，④ 単離，⑤ ねじれ形，⑥ 中間体

b) 舟形は不安定な重なり配座をとり，さらに船首と船尾にある水素同士の相互作用による立体ひずみのため，非常に不安定であり，単離することはできない．

ちなみに，舟形はいす形からもう一つのいす形への変換の過程で必ず見られるものではなく，たとえばねじれ形からねじれ形への変換のときなどの遷移状態として現れる配座である．

c) シクロヘキサンの最も安定な立体配座はいす形であり，下図のように 2 個のメチル基 CH_3 をもつトランス形は 2 種類存在する．

ここで，環の面に対して上下に出ている結合を**アキシアル結合**，環の面に対してほぼ水平な方向の結合を**エクアトリアル結合**という．

補足 二つの立体配座は相互変換が可能であるが，エクアトリアル CH_3 をもつ構造のほうが安定である．これは，上図のようにアキシアル CH_3 をもつ構造では，CH_3 の水素と C_3 と C_5 に付いた水素が接近するため，反発が起こり，立体ひずみが生じるためである．このような立体ひずみを **1,3-ジアキシアル相互作用**という．

3・3

a) 3-メチルペンタンのニューマン投影式は C_2-C_3 軸をどちらの方向から見るかによって，大きく分けて 2 種類の記述ができる．例として，C_2 から C_3 を見た方向からの立体配座を示す．

b) 8種類の異性体が存在し,フィッシャー投影式で書くと以下のようになる.

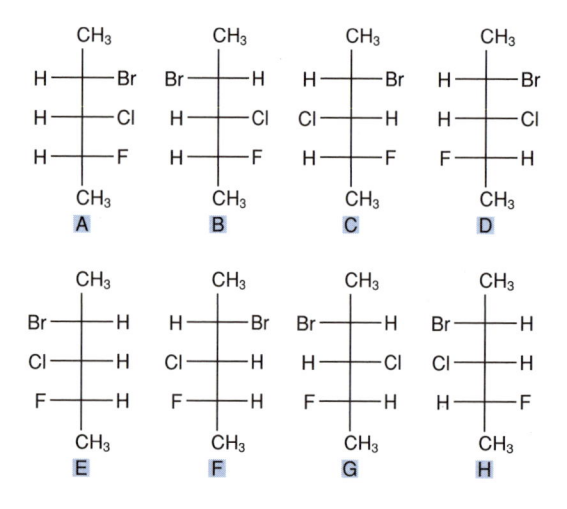

上段の分子と下段の分子は互いにエナンチオマーである(AとE,BとF,CとG,DとH).エナンチオマーの関係にない立体異性体はジアステレオマーになるので,たとえばAにおいては,E以外の分子はジアステレオマーになる.一般に,不斉炭素がn個ある場合,その立体異性体は最大で2^n個存在する.

3・4

a) R/S表示の順位則に従って順位を付け,優先順位の一番低い原子(置換基)を紙面の奥に配置すると,以下のようになる.③では,CHOでは炭素にOが2個,CH$_2$OHでは1個付いていると考えるので,優先順位はCHO>CH$_2$OHとなる.

よって,優先順位を大きいほうから順にたどると,①と③はR配置,②と④はS配置となる.

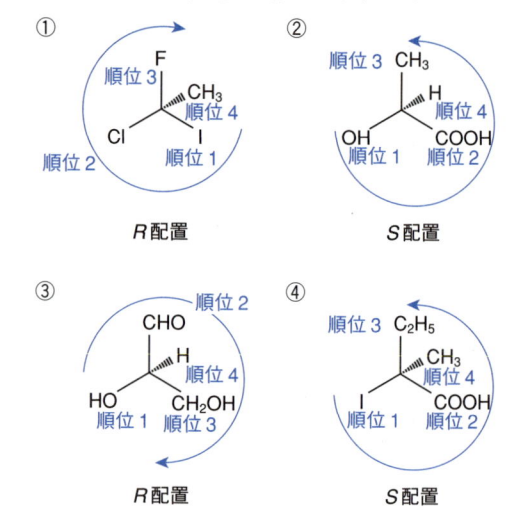

b) 下記のようになる.S配置のエナンチオマーがR配置であるように,S,S配置のエナンチオマーはR,R配置となる.

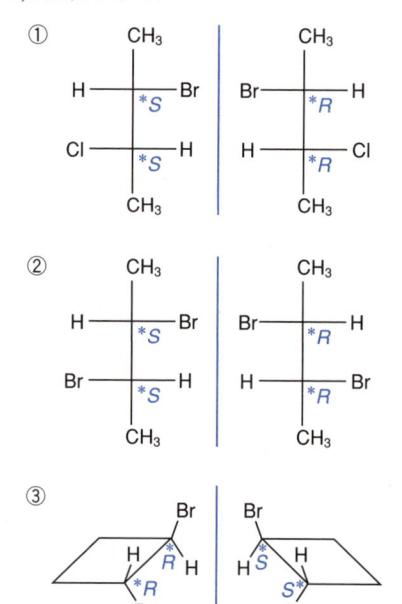

3・5

a) 比旋光度が+1.9であることは，(+)-乳酸の比旋光度+3.8の半分であるので，その溶液には(+)-乳酸が50%，ラセミ体が50%，つまり(+)-乳酸が75%，(−)-乳酸が25%含まれていること示す．

b) エナンチオマー過剰率は下式で表せる．

$$\text{エナンチオマー過剰率（\%）} = \frac{(\text{Aのモル数})-(\text{Bのモル数})}{(\text{A}+\text{Bのモル数})}$$

よって，75%−25%＝50%のエナンチオマー過剰率となる．

c) ラセミ体では(+)-乳酸と(−)-乳酸が同じ量だけ含まれているので，エナンチオマー過剰率は0%となる．

3・6

a) 下記のようになる．

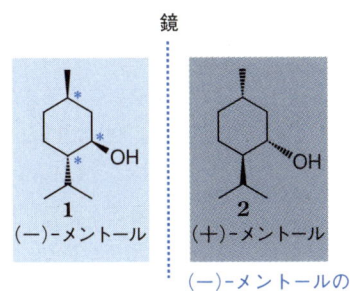

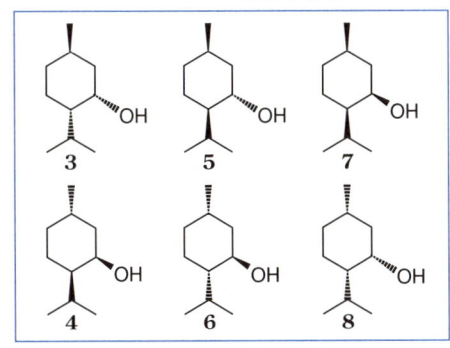

鏡

1 (−)-メントール 2 (+)-メントール
(−)-メントールのエナンチオマー

3 5 7
4 6 8
(−)-メントールのジアステレオマー

b) (−)-メントールは出発物をイソプレンとして，キラル触媒（不斉触媒）を用いた不斉合成によって工業的に生産されている．この方法によって，エナンチオマーの一方のみが選択的に，しかも大量につくることが可能となった．

補足 この場合，キラル触媒にはBINAP金属錯体が用いられる．BINAPおよびメントールの合成経路に関しては，「有機合成化学（わかる有機化学シリーズ4）」，p.135などを参照されたい．

4章

4・1

① m/z 15はメチル基−CH_3に相当する．したがって，メチル基の存在が予想される．

② ピークが14という規則的な間隔で見られることから，直鎖状の飽和炭化水素からCH_2単位が順次はずれていったことが予想される．

③ 分子中に塩素原子が1個含まれていることが予想される（例題4・2b参照）．

④ カルボキシ基−COOHの存在が予想される．

⑤ 2200 cm^{-1}付近ではアルキンおよびシアノ基の存在が予想される．また，X=C=Yで表されるクムレン二重結合もこの領域に吸収を示す．これら以外には，この領域に吸収を示すものがない．

⑥ 3H分の吸収はメチル基によるものであり，それが二重線であることは隣にプロトンが1個存在することが予想される．

⑦ 10 ppm付近の特徴的な吸収はアルデヒドのCHOプロトンによると予想される．

⑧ 1 ppmより右側に現れる吸収は，飽和炭素に結合したCH_3のプロトンやシクロプロパンのプロトンなどによると予想される．ちなみに，他のシクロアルカンは1本の吸収が1.5 ppm付近に見られる．また，

化学シフトがマイナスの値をもつ分子も存在する．

4・2

a) 炭素，水素，酸素の質量は下式によって求められる．

$$C : 308 \times \frac{C}{CO_2} = 308 \times \frac{12}{44} = 84 \text{ (mg)}$$

$$H : 54 \times \frac{H_2}{H_2O} = 54 \times \frac{2}{18} = 6 \text{ (mg)}$$

$$O : 106 - (84 + 6) = 16 \text{ (mg)}$$

炭素，水素，酸素の質量をそれぞれ原子量で割った値 $\frac{84}{12} : \frac{6}{1} : \frac{16}{2}$ が原子の個数比，$C : H : O = 7 : 6 : 1$ となる．よって実験式は $(C_7H_6O_1)_n$ となる．

b) ベンズアルデヒド

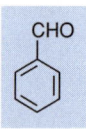

[構造式: ベンゼン環に CHO 基]

① マススペクトルの分子イオンピークが m/z 106 であるので，実験式において $n=1$ が当てはまり，分子式 C_7H_6O が求まる．さらに，m/z 77 に強いピークが見られ，これはフェニル基 C_6H_5- に相当すると考えられる．よって，マススペクトルから C_6H_5CHO と予想できる．

② 赤外スペクトルからは $C=O$ 基の存在が確認できる．また，③ ^1H NMR では 7 ppm より右側にないことも C_6H_5 と CHO の存在を裏付けることができる．

4・3

a) ヒドロキシ基（3400 cm^{-1}），シアノ基（2200 cm^{-1}）

b) 6H 分の一重線が見られるので，化学的環境の等しい 2 個のメチル基があることがわかる．

c) 上記の結果から，試料の構造は以下のようになる．

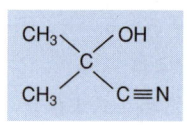

[構造式: 中心Cに CH₃, CH₃, OH, C≡N]

4・4

UV スペクトルが 200 cm^{-1} 付近に吸収極大をもつので，共役二重結合の存在が予想される．また，IR スペクトルからはカルボキシ基-COOH の存在が予想される．

一方，NMR スペクトルでは，最も左側（7.9 ppm）に見られる吸収はカルボキシ基のプロトンによると予想される．アルデヒドの CHO のプロトンと同様に最も左側に吸収が現れるが，カルボン酸は酸性を示し，COOH のプロトンは解離しやすいため，明瞭に吸収が現れないことが多い．しかし，IR スペクトルの情報と合わせてカルボキシ基の存在が確認できる．

さらに，5.9, 7.1 ppm 付近に見られるプロトンは二重結合炭素に結合したプロトンによるものであると予想できる（図 4・8 参照）．また，1.9 ppm 付近には 3H 分の二重線が見られる．これは CH_3 のプロトンによるものであり，二重線であることから，隣の炭素にプロトンが 1 個付いていることがわかる．

以上のことから，

$$CH_3CH=CH-COOH$$

の構造が予想できる．さらに，この分子にはシス-トランス異性体が存在する．これは，^1H NMR スペクトルから識別可能である．二重結合に付いたプロトン同士は互いを二重線に分裂させる．このときの結合定数はスペクトル中の拡大図から 15〜16 Hz 程度であることがわかる（測定周波数が 300 MHz であるので，横軸の 0.1 ppm は 30 Hz に相当する）．このように，15 Hz を超える大きな結合定数をもつ分子はトランス

配置であると予想できる（有機スペクトル解析（わかる有機化学シリーズ 3）の図 5・7 などを参照）．

最終的に，構造は以下のように決定できる．

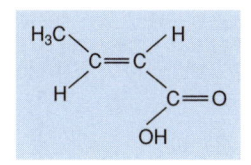

$$\text{H}_3\text{C}\diagdown\text{C}=\text{C}\diagup\text{H} \diagdown\text{C}=\text{O}\diagup\text{OH}$$
（H が H に対応，COOH 部分を含む 2-ブテン酸構造）

4・5

a) ^{12}C は磁気的性質を示さないために観測できないが，^{13}C は磁気的性質をもつので観測できる．磁気的性質をもつ原子核は奇数個の陽子あるいは中性子をもつものに限られる．^{12}C は陽子数 6，中性数 6 であるのに対し，^{13}C は中性子数は 7 である．

b) ① 1.1，② スピン-スピン，③ ^{1}H（プロトン），④ ^{1}H，⑤ スピン-スピン，⑥ 分裂，⑦ 複雑，⑧ デカップリング，⑨ ^{1}H，⑩ スピン-スピン，⑪ 分裂，⑫ 1

補足 現在，周波数が広い範囲にわたるラジオ波を照射して，プロトンすべてをデカップリングする方法が用いられている．これを**広帯域デカップリング**あるいは**完全デカップリング**という．

c) ①：C_A，②：C_B，③：C_E，④：C_D，⑤：C_C

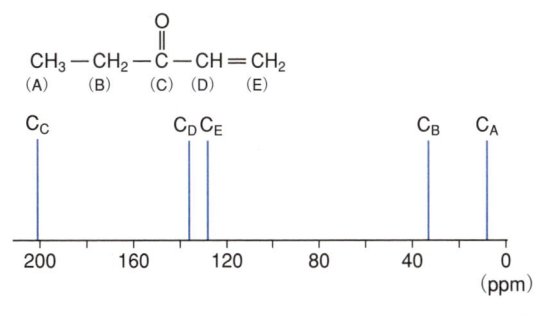

$$\underset{\text{(A)}}{\text{CH}_3}-\underset{\text{(B)}}{\text{CH}_2}-\underset{\text{(C)}}{\overset{\overset{\text{O}}{\|}}{\text{C}}}-\underset{\text{(D)}}{\text{CH}}=\underset{\text{(E)}}{\text{CH}_2}$$

プロトンの NMR スペクトルと同じように，飽和炭素のシグナルは右側（低周波数，高磁場）に現れる．メチル CH_3 炭素が最も右側にあり，通常 5〜30 ppm 付近に見られる．メチレン CH_2 炭素は CH_3 炭素よりも左側に，メチン炭素 CH はさらに左側に現れる．

不飽和炭素のアルケン C=C の炭素は 110〜150 ppm 付近に見られる．この場合，カルボニル C=O 基の影響を受けて C_D のほうが C_E より左側に現れている．C=O 基の炭素は通常，最も左側に現れ，ケトンやアルデヒドの吸収は 190〜220 ppm に見られる．^{13}C NMR の化学シフトに関しては「有機スペクトル解析（わかる有機化学シリーズ 3）」の p. 79 のチャートなどを参照されたい．

4・6

① スピン-スピン，② ^{1}H NMR（プロトン核磁気共鳴），③ 等高線，④ 対角線，⑤ ^{1}H NMR，⑥ 対角線，⑦ 対称，⑧ 交差ピーク，⑨ スピン-スピン，⑩ 交差ピーク，⑪ スピン-スピン，⑫ 交差ピーク，⑬ スピン-スピン

5 章

5・1

a) 図 7 のようになる．触媒は出発物に作用して遷移状態のエネルギーを低くし，活性化エネルギーを小さくすることによって反応を進行しやすくする．

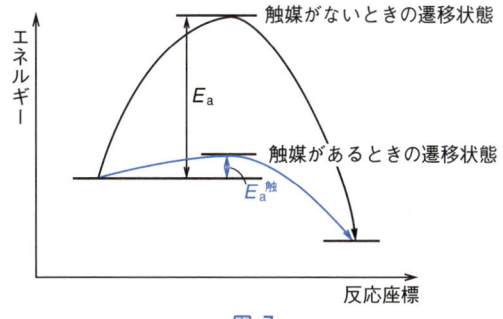

図 7

b) 中間体が安定化して低エネルギーになると，それにともなって遷移状態のエネルギーも低下する．このため，活性化エネルギーも小さくなり，反応は進行しやすくなる．

5・2

a) 出発物から置換基が脱離し，カルボカチオン中間体 **4** が生成するが，この中間体は平面構造をとるので，求核試薬は分子面の両側から攻撃できる（図8）．このため，エナンチオマーの 1：1 混合物である，ラセミ体 **2**，**3** が生成する．

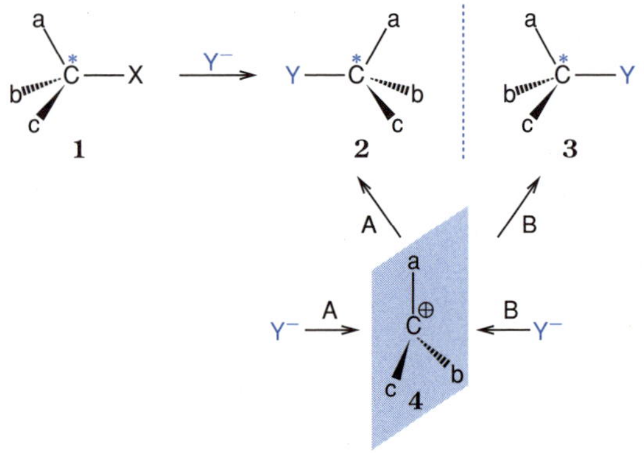

図 8

b) 求核試薬が出発物を直接攻撃し，しかも置換基の裏側から接近するために，生成物の立体配置は出発物の逆になる（図9）．このため，エナンチオマーの片方 **2** のみが生成する．このような現象を発見者の名前にちなんで，**ワルデン反転**という．

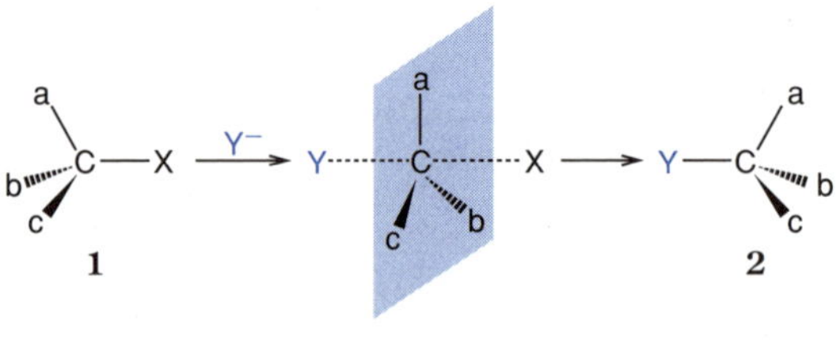

図 9

5・3

a) 図 10 のようになる．

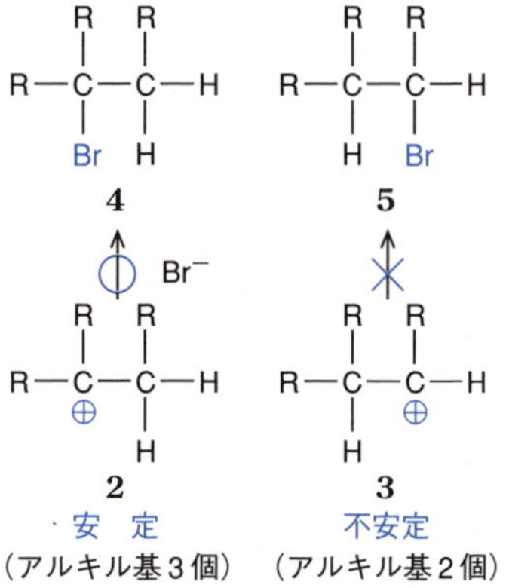

2	**3**
安 定	不安定
（アルキル基3個）	（アルキル基2個）

図 10

水素イオン H^+ が二重結合に付加してカチオン中間体を生成するが，アルキル基の多く結合したより安定なカチオン中間体 **2** に臭化物イオンが付加するために，生成物 **4** が与えられる．このように，アルケンに対するハロゲン化水素の求電子付加反応では，より多くのアルキル基をもつ炭素にハロゲン原子が結合する．これを**マルコフニコフ則**という．

b) 過酸化物 ROOR が存在すると，過酸化物の分解によって生じたラジカル RO· と HBr が反応し，臭素ラジカル Br· が生成する．Br· は二重結合に対して，より安定なラジカル種が生じるように接近するので，第三級ラジカルが生じる．その結果，アルキル基の少ないほうの炭素原子に Br が付加した生成物が得られる．これを**逆マルコフニコフ則**という．

5・4

a) 下記に示すように，二重結合のまわりに最も多くのアルキル基が置換したアルケンが優先的に生成する．これは，このようなアルケンが最も安定だからである．これを**ザイツェフ則（セイチェフ則）**という．

この場合は **2** のみ生成する（図 11）．

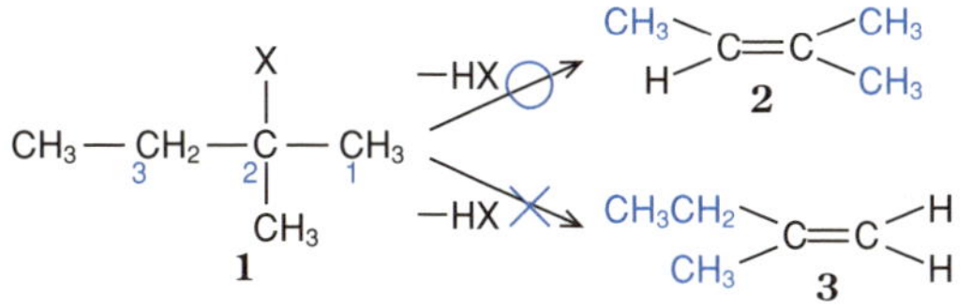

図 11

b) 図 12 に示すようになる．

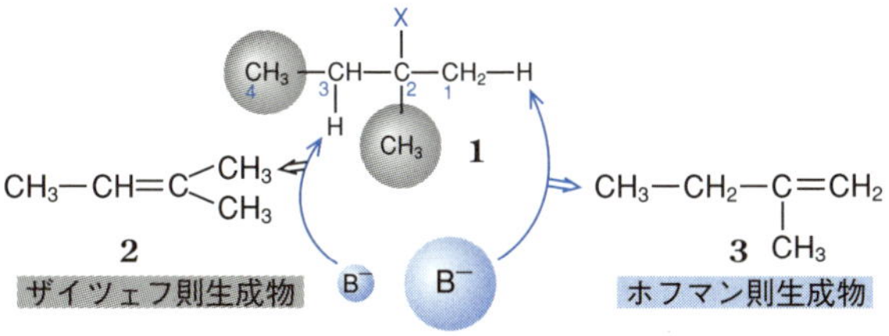

図 12

① 塩基が大きい場合には，置換基による立体障害により 3 位の水素を攻撃できなくなるために，1 位の水素を攻撃して生成物を与える．そのため，置換基の少ない生成物 **3** が得られる．

② 塩基が小さい場合には，1 位と 3 位の水素の両方を攻撃でき，a) で示したザイツェフ則に従ってエネルギー的に安定な生成物 **2** を与える．

5・5

a) カルボニル基の酸素が結合電子を引き付け，カルボニル基の炭素はプラスに荷電するため，α 水素の結合電子雲はカルボニル炭素に引き付けられ，α 炭素と水素の間の結合電子は希薄になる．その結果，α 炭素に結合した水素原子は水素イオン H^+ としてはずれやすくなり，残った炭素はマイナスに荷電する．これが，α 炭素が求核性をもつ理由である．

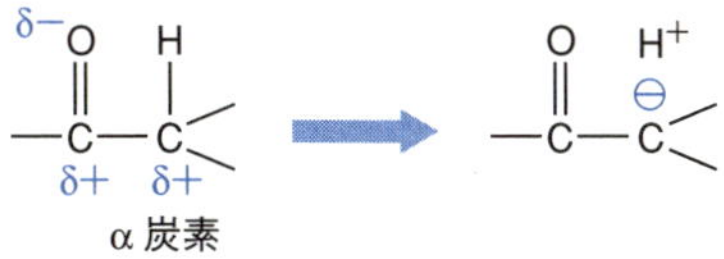

b) マイナスに荷電した α 炭素は求核攻撃を行いやすく，プラスに荷電したカルボニル炭素は求核攻撃を受けやすい．その結果，図に示すように α 炭素に水素をもつアルデヒド同士が反応して，β-ヒドロキシケトン（アルドール）を生じる（図 13）．このような反応を**アルドール縮合**という．アルドールのアルドはアルデヒド，オールはアルコールに由来する．

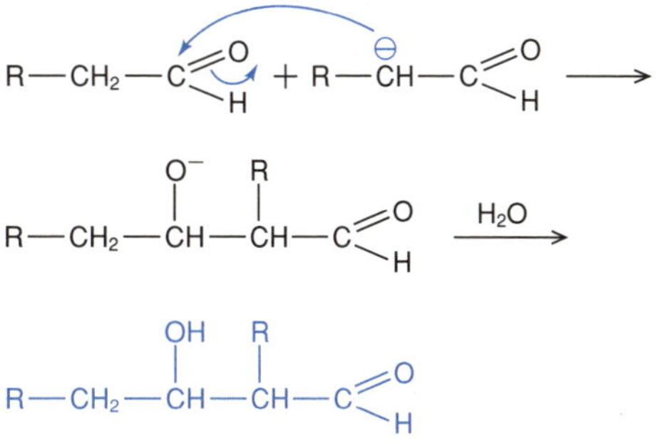

図 13

アルドール縮合は，塩基触媒によってマイナスに荷電したアルデヒドが，もう一方のアルデヒドのプラスに荷電したカルボニル炭素を攻撃することで起こる．

5・6

a) 図 14 に示すように，シス配座では共役ジエンの両端の炭素はアルケンの炭素に十分接近できるが，トランス配座では遠く離れており，互いの軌道が重な

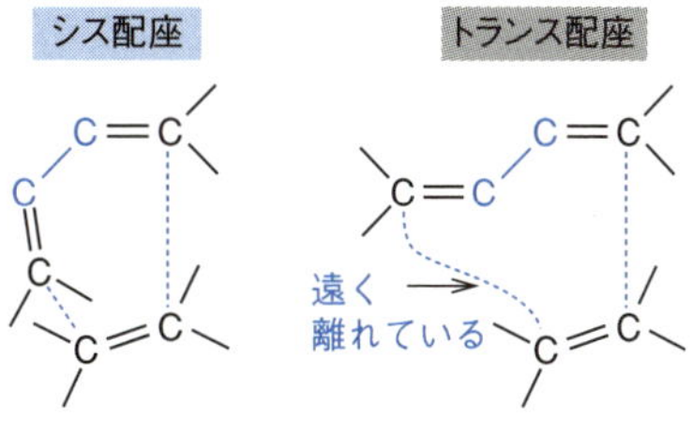

図 14

り合うことができないためである.

b) 図15に示すように，互いのp軌道の重なり具合を比べると，エキソ体では生成物における結合を形成する箇所だけで軌道が重なっている．それに対して，エンド体ではこの相互作用のほかに，結合を形成しない箇所でも"二次的な"軌道間の相互作用が起こっている．分子は軌道が重なって，共役系が広がったほうが安定であるので，エンド体の遷移状態のほうが安定となり，優先的に生成する．

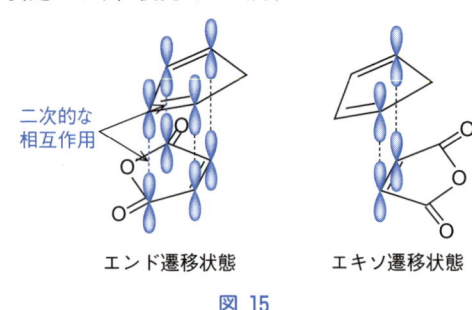

二次的な相互作用

エンド遷移状態　　エキソ遷移状態

図15

6章

6・1

a)

A　2-ブロモ-2-メチルプロパン

B　2-メチルプロペン

C　エチルフェニルケトン

D　2-メチル-1-フェニル-1-プロパノン

i) 2-メチル-2-プロパノールは，臭化水素と反応してヒドロキシ基が S_N1 反応によって臭化物へと変換される．得られた臭化物に塩基を作用させるとE2反応が起こり，対応するアルケンが得られる．

ii) 二重結合のオゾンによる酸化は，二重結合部分を切断し対応するケトンを与える．得られたケトンは，カルボニル基の隣のα水素が酸性を示すため，塩基を作用させるとケトンのα水素はマイナスに荷電し，ハロゲン化アルキルと反応して，カルボニル基のα位にアルキル基が導入される．

b) A Br_2, B (フェニルアセチレン)

スチレンへの臭素化によって二臭素化物を合成し，そこから2分子の臭化水素を脱離させアルキンを合成する．アルキンへの水分子の付加によって，生じたアルコールはきわめて不安定であり，ケト-エノール互変異性によって直ちにケトンに変化し（下図），アセトフェノンへと変換される．

$$R-C\equiv C-H \xrightarrow{H_2O} R-C=CH_2$$
$$\underset{OH}{|}$$
$$\longrightarrow R-\underset{\underset{O}{\|}}{C}-CH_3$$

例題6・2(c)で，ベンズアルデヒドからアセトフェノンを合成する経路を示した．このように同じ化合物を合成するときにも，可能な反応はいく通りもあることが多い．そのうちのどれを選ぶかということは，有機合成の最も重要なポイントである．どの反応を選べば，望みの有機分子が簡単に安全に，そして純粋な形で得られるのかを考える必要がある．いろいろな有機反応を組合わせて，有機分子を合成するために，多くの有機反応を知っていることは大切である．

6・2

①

HO—CH₂CH₂CH₂—Br $\xrightarrow{\text{CH}_3\text{-Si(CH}_3\text{)}_2\text{-Cl} \;/\; 塩基}$

CH₃(CH₃)₂Si—O—CH₂CH₂CH₂—Br $\xrightarrow{\text{Mg}}$ (シリルエーテル)

(CH₃)₃Si—O—CH₂CH₂CH₂—MgBr $\xrightarrow{\text{PhCHO}}$

(CH₃)₃Si—O—CH₂CH₂CH₂—CH(OH)—Ph $\xrightarrow{\text{HCl}}$

HO—CH₂CH₂CH₂—CH(OH)—Ph

②

H(C=O)—CH₂CH₂—Br $\xrightarrow{\text{CH}_3\text{OH, H}^+}$

H₃CO—CH(OCH₃)CH₂CH₂—Br (アセタール) $\xrightarrow{\text{Mg}}$

H₃CO—CH(OCH₃)CH₂CH₂—MgBr $\xrightarrow{\text{PhCHO}}$

H₃CO—CH(OCH₃)CH₂CH₂—CH(OH)—Ph $\xrightarrow{\text{HCl}}$

H(C=O)—CH₂CH₂—CH(OH)—Ph

① 臭素化物とアルデヒドが反応すればよいので，臭素化物からグリニャール試薬を調製し，アルデヒドと反応させる方針で考えればよい．しかし，原料の臭化物から直接グリニャール試薬を調製すると，グリニャール試薬は分子内のヒドロキシ基と反応して，試薬部分に水素が結合した生成物となってしまい反応は進行しなくなる．

HO—CH₂CH₂CH₂—Br $\xrightarrow{\text{Mg}}$ HO—CH₂CH₂CH₂—MgBr

$\longrightarrow$ BrMgO—CH₂CH₂CH₂—H

このため，反応性の高いヒドロキシ基を反応性の低い官能基に変換する必要がある．このような目的でよく用いられるのはシリルエーテルであり，アルコールに塩基とハロゲン化ケイ素誘導体を反応させると簡便に合成できる．得られたシリルエーテルは，グリニャール試薬を調製しても反応せず，ベンズアルデヒドとの反応が可能である．反応後，シリルエーテルは酸で処理すると簡単に目的物へと変換できる．通常，このように反応性の高い官能基の反応活性を下げる目的で用いる置換基を "保護基" とよぶ．

② も同様に，アルデヒドを有する臭化物は直接グリニャール試薬を調製できない．そこで，アルデヒドをアセタール化して保護したのちに，グリニャール試薬を調製しベンズアルデヒドと反応させ，酸によってアセタールを脱保護することによって，目的生成物を得ることができる．巨大な有機分子の合成においては，この保護基を選択する手腕が合成の鍵を握ることも多いので，多くの保護基を知ることも，有機合成を行ううえで必須の知識である．

6・3

CH₃CH₂—C(OH)(CH₃)—CH₂CH₂CH₃ $\Longrightarrow$ CH₃CH₂—C(=O)—CH₃ + CH₃CH₂CH₂MgBr

$\Downarrow$

CH₃CH₂CHO + CH₃MgI $\Longleftarrow$ CH₃CH₂—CH(OH)—CH₃

逆合成解析では，できるだけ簡単な反応で形成できるような結合を切断することにより，より簡単な分子へと誘導できる．問題の分子では，ヒドロキシ基が付いている炭素と隣接する炭素の結合は，グリニャール試薬の付加によって形成できるため，これが一番簡単に形成できる結合であるといえる．

解答では，そのうちの一つである $CH_3CH_2CH_2MgBr$ と 2-ブタノンの反応をあげた．また，2-ブタノンは市販物であるが，この化合物は 2-ブタノールの酸化によって得られ，2-ブタノールは 1-プロパナールとグリニャール試薬の反応で得ることができる．ほかにも，切断する位置によっていろいろな化合物から合成できるので考えてみてほしい．

b)

①

$$CH_3-\underset{\underset{H}{|}}{\overset{\overset{OH}{|}}{C}}-CH_2-\overset{O}{\overset{\|}{C}}-H \Longrightarrow$$

$$CH_3-\overset{O}{\overset{\|}{C}}-H \ + \ CH_2=\overset{O^-}{\overset{|}{C}}-H$$

②

$$Ph-\underset{\underset{CH_3}{|}}{\overset{\overset{OH}{|}}{C}}-CH_2-\overset{O}{\overset{\|}{C}}-Ph \Longrightarrow$$

$$Ph-\overset{O}{\overset{\|}{C}}-CH_3 \ + \ CH_2=\overset{O^-}{\overset{|}{C}}-Ph$$

① の化合物はいろいろな化合物から合成可能であるので逆合成解析を行ってみる．形成可能な結合はいろいろ存在するが，最も効率的に問題の化合物を合成できるのは，ヒドロキシ基が付いている炭素と，その隣接する炭素の結合形成を行った場合である．この場合，アセトアルデヒドとアセトアルデヒドに塩基を作用させた分子を反応させることによって，合成が可能である．

② の化合物も同様にアセトフェノンから合成が可能である．

6・4

a) 図に示したようになる．

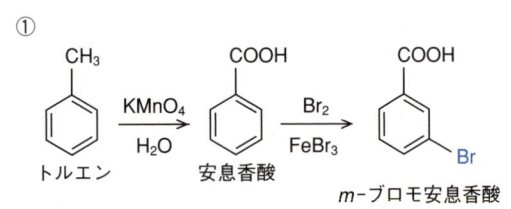

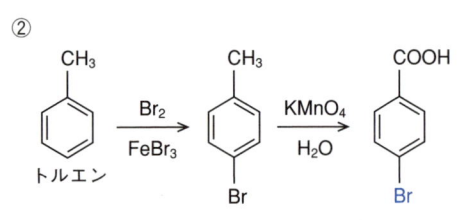

①

トルエン →($KMnO_4$, H_2O)→ 安息香酸 →(Br_2, $FeBr_3$)→ m-ブロモ安息香酸

②

トルエン →(Br_2, $FeBr_3$)→ p-ブロモトルエン →($KMnO_4$, H_2O)→ p-ブロモ安息香酸

① まず $KMnO_4$ でメチル基を酸化し，安息香酸を得る．ここで，−COOH 基はメタ配向性であるので，臭素化すると m-ブロモ安息香酸が得られる．

② まず，トルエンを臭素化すると，メチル基はオルト・パラ配向性であるので，o-ブロモトルエンと p-ブロモトルエンが得られる．これらの異性体を分離精製した後，$KMnO_4$ による酸化反応により p-ブロモ安息香酸が得られる．

b) 図に示したようになる．

アニリン →(CH_3COOH, アセチル化)→ アセトアニリド →(混酸, ニトロ化)→

トアニリドを混酸でニトロ化すると，アミノ基は強いパラ配向性であるので，パラ体が主に生成する．最後に保護基は酸触媒による加水分解で取除き，p-ニトロアニリンを得る．

アニリンを直接，混酸（硝酸＋硫酸）でニトロ化すると酸化などが起こるので，まずアミノ基をアセチル化によって保護する必要がある．アニリンを酢酸でアセチル化するとアセトアニリドになる．さらに，アセ

6・5

① 酸素，② 分解，③ 空気，④ 三口フラスコ，⑤ 冷却器，⑥ 滴下漏斗，⑦ 金属マグネシウム，⑧ グリニャール試薬，⑨ 水，⑩ 反応容器，⑪ ワンポット反応

齋藤　勝　裕
　1945 年　新潟県に生まれる
　1974 年　東北大学大学院理学研究科博士課程　修了
　現　名古屋市立大学　特任教授
　名古屋工業大学名誉教授
　専攻　有機物理化学，超分子化学
　理 学 博 士

中　村　修　一
　1973 年　愛知県に生まれる
　2001 年　名古屋工業大学大学院工学研究科博士課程　修了
　現　名古屋工業大学大学院　准教授
　専攻　有機合成化学
　工 学 博 士

第 1 版 第 1 刷 2009 年 6 月 20 日 発行

基礎有機化学演習

Ⓒ 2009

著　者	齋藤　勝裕
	中村　修一
発行者	小澤　美奈子
発　行	株式会社 東京化学同人

東京都文京区千石 3 丁目 36-7（〒112-0011）
電話 03-3946-5311・FAX 03-3946-5316
URL：http://www.tkd-pbl.com/

印刷　株式会社シナノ
製本　株式会社松岳社

ISBN978-4-8079-0707-6
Printed in Japan

わかる有機化学シリーズ

1	有機構造化学	齋藤勝裕 著
2	有機機能化学	齋藤勝裕・大月 穣 著
3	有機スペクトル解析	齋藤勝裕 著
4	有機合成化学	齋藤勝裕・宮本美子 著
5	有機立体化学	齋藤勝裕・奥山恵美 著